日本の伝統　発酵の科学

微生物が生み出す「旨さ」の秘密

中島春紫　著

ブルーバックス

カバー装幀　芦澤泰偉・児崎雅淑
カバー写真　撮影／青砥茂樹
　　　　　　スタイリング／中安章子
本文デザイン　齋藤ひさの（STUDIO　BEAT）
本文図版　さくら工芸社

はじめに

古典的なフランス料理の一品スズキのパイ包み焼きは、大きなスズキを丸ごとパイ生地に包み、リアルな魚の形に成形して焼き上げた料理であり、ねっとりしたモルネーソースで味わう。非常に見栄えがするため、客をもてなすために家庭でもよく作られる。立派なスズキが入手できると、欧米の人々はこのような料理が念頭に浮かぶようである。

さて、イキの良いスズキが手に入ったとき、日本人ならばどのようにして食べたいだろうか。筆者の頭に真っ先に思い浮かぶのは刺身である。大きめに切り揃えたピンク色の刺身に、わさび醤油をチョンとつけて食したいと思う。フランス料理を侮辱するつもりは毛頭ないが、せっかくのスズキに凝った調理はもったいなく感じてしまう。

スパゲティカルボナーラは、塩漬けの豚肉とパスタをねっとりと鶏卵でまとめた料理であり、素朴な味わいがピリリと黒胡椒で引き締められた一品。卵黄を固めずに火を通すには熟練の手並みが必要で、イタリア料理学校の卒業試験に使われることもあるという。このようなまったりとした麺料理も悪くないが、ちょっと腰のある蕎麦をつゆに漬けて薬味を利かし、ズルズルッと行くのも捨て難い。

ふんわりと焼き上げられたオムレツは西洋料理の基本中の基本。中にハムやチーズを入れたり、ソースをかけたりとバラエティーも豊かで、レストランでも家庭でも世界中で愛されている味である。しかし白状すると、筆者はシンプルに醬油を垂らした卵かけご飯を無性に食べたくなることがある。さらに味噌汁と少々の漬け物でもあれば十分幸せ。

刺身、蕎麦、卵かけご飯など、日本以外の国ではほとんどお目にかかることさえできない。では、日本人はどのような食べ物が好きなのだろうかと改めて考えると、肉や卵、魚や野菜などの素材の旨さを素直に引き出した料理ではないかと思える。

南北に長い日本列島は山がちで森林に覆われ、地下資源にも乏しく、わずかばかりの平野に人々がひしめいて暮らしている。土地利用効率が悪く、貧しい国土に見えるがそうではない。四季がはっきりしていて、日照も降雨も適度にあるため、少々の酸性雨くらいでは森林も湖水もびくともしない。夏場に水が手に入るので、ほぼ全土で稲が栽培可能な、極めて恵まれた「瑞穂の国」なのである。さらに北西太平洋の一角を占める日本近海は世界有数の好漁場であり、気前よくさまざまな魚を提供してくれる。

地下資源以外の天然資源に恵まれた日本は、自然災害も極めて多い。世界の0・25％の国土面積に、全世界のマグニチュード6以上の地震の20・5％が集中する地震大国である（平成22年度版内閣府防災白書）。さらに、津波は来る、台風は来る、火山は噴火する、洪水が起こり、ゲリラ豪雨による土石流も発生する。先進国でこれほどまでに自然災害の多い国もないだろう。そのような国土に暮らす日本人は、自然の恵みを享受し、自然災害は宿命として生きていくうちに、自然を敬い、自然を畏怖する心を育んできたと考えられる。四季折々の年中行事と、各地の産物の素材を生かした料理は、このような風土の下に生まれてきたのだろう。

素材の旨味を引き出す名脇役である調味料の多くは、微生物の力を借りて作られる発酵食品である。「さしすせそ」と覚える日本料理の基本調味料は、「さ」砂糖、「し」塩、「す」酢、「せ」醤油、「そ」味噌の5つだが、そのうち「す」「せ」「そ」の3つが発酵食品である。さらに、漬け物はもちろん、納豆、鰹節、清酒、さらに旨味調味料の製造にも微生物の力は欠かせない。

発酵食品については、主としてその製法と文化的な観点から多くの研究がなされ、膨大な書籍が刊行されている。食品は純粋な物質ではないうえに、発酵の工程では必ずしも単一ではないさまざまな微生物が関与することから、科学の視点では発酵食品は難しい研究対象である。現代の技術により解析を進めるにつれて、さまざまな発酵食品の製造工程がいかに理にかなったものであるか次々に明らかになっているのが現状であり、このような発酵食品を生み出した人々の英知に改めて畏敬の念を覚えることも多い。

本書では、このような発酵食品について科学的な側面から可能な限り簡明に解説していく。

もくじ◆日本の伝統　発酵の科学

第5章 乳酸菌発酵食品

第1章

発酵食品と文化

風土に根ざした発酵食品

一般の人々は微生物の存在を意識することなく、発酵食品を生産・消費している。納豆やヨーグルトは微生物の働きで作られることは知識として知っていても、実際に微生物を目にしたことのある人はあまりいないのではないだろうか。

発酵食品は食材を微生物の作用により加工して製造した食品であり、納豆、漬け物、鰹節など風味を改良した食品または保存食として作られる。さらに、醤油、味噌、食酢などの発酵調味料やビール、清酒などの嗜好品としての酒類も、れっきとした発酵食品である。海外でも、パン、ヨーグルト、チーズ、キムチ、ピクルスなどさまざまな発酵食品が製造され賞味されている。

発酵食品は、微生物の存在が認知される以前から、試行錯誤により伝統的な製造法が編み出され、連綿と伝えられてきたものである。一般に、発酵食品の生産は非常に手間暇のかかるものであり、注意と忍耐を要求される工程が多い。「理由はわからなくても、とにかく教わった通りにやれば美味しい食品ができる」と信じて辛抱強く作業に励む根底には、「美味しいものを食べたい」「美味しいものを食べさせてあげたい」という強い想いがこもっている。発酵食品には民族の愛が込められているのだ。発酵食品について科学する前に、このような食品の加工法を生み出した先人のたゆまぬ努力と熱い想いに敬意を表したい。

フランス料理のコースでは、メイン料理が終わるとチーズがワゴンで運ばれてくる。好みのチーズを選んで切り分けてもらうのだが、中にはリヴァロなど鼻を刺すような刺激臭がするものがある。口に放り込めば美味しいのだが、慣れない人はその匂いに思わず顔を背ける。滋賀県の郷土料理である鮒鮓《ふなずし》は、塩漬けにした鮒の身に飯を詰め桶の中で熟成させたものだが、強い刺激臭を放つため苦手な人も多いだろう。

このように、発酵食品は「美味しい臭さ」とでもいうべき独特の風味を持つものが多く、風土に根ざした食材と気候を生かして作られ、「作る人」と「食べる人」との間で長年の対話が交わされている。そのため、地元の人々にとっては好物でも外部の人には食べにくい場合が多い。鮒鮓なども食べ慣れた人には美味しい発酵食品だが、旅行者には単なる腐った鮒としか思えないだろう。

「発酵と腐敗を区別するのは、科学ではなく文化である」とは、小泉武夫博士（東京農業大学名誉教授）の言葉であるが、まさに至言である。

伝統的な発酵食品の製造の工程を分析すると、何気なく見える操作の中に雑菌の混入を防ぐ工夫と有用な微生物を選抜・育種する技術が含まれている。失敗を最小限に防ぎ、確実に美味しいものを追い求めるうちに効率の悪い手法が淘汰され、工程全体が洗練されていったと考えられる。完成された発酵食品の製造工程は一種の芸術であり、貴重な匠の技が次世代に伝えられていく。

食料の保存から生まれた発酵技術

人間は食いだめも冬眠もできないので毎日食料を確保しなければならないが、食料は一気に大量に手に入るときもあれば、冬期などめったに手に入らない時期もある。太古の人々は飢えと闘うために、食料をどうやって保存したらよいか必死に考えたことだろう。飢えに耐えかねて、異臭を発するようになった食料に手を出した人もいたはずだ。必ずしも勝率の良い賭けとは言えず、食中毒を起こして無念の死をとげた人も多かったことだろう。初期の発酵食品は、このような命がけの試行錯誤から生まれたと思われる。

いかにして食料の腐敗を防ぐか。腐敗は食中毒の原因となる雑菌（腐敗菌）の繁殖であるから、このような腐敗菌が生育しないようにすればよい。微生物の繁殖には、栄養分と適度な〈温度〉〈水分〉〈塩分〉〈pH（酸性・塩基性の度合い）〉などの条件が必要であるから、食料を安全に保存するためには腐敗菌の繁殖に必要な条件のどれかを除くのが合理的である。

①温度

スーパーの鮮魚売り場では、同じ種類の魚介でも生牡蠣などには「生食用」と「加熱用」の区別がある。刺身として食べるには少々不安でも、火を通せば大丈夫。加熱すれば微生物は死滅するので、腸内で病原菌が繁殖する心配はなくなる。火を発見した古代の人々は、少々傷んだ獲物の肉でも焼けば食べられることを覚えたのだろう。

一方、温度を低く保てば腐敗を遅らせることができる。冷蔵庫や冷凍庫は腐敗菌の繁殖に必要な温度よりも低温に保つためにある。文明の利器が利用できなかった時代でも、食料を氷室《ひむろ》や穴蔵に貯蔵して長持ちさせていた。

②水分

食料の保存法として最初に編み出された方法は乾燥だろう。古代人はたくさん獲れた魚を天日に干して乾燥させ、狩りで倒した獲物の肉を燻《いぶ》して水分を抜くことにより、後日の食料を確保したことだろう。ブドウのように粒の小さな果物は乾燥して保存できる。水分含量の少ない穀類は、そのまま保存食品として重宝したことだろう。

発酵食品にも、鰹節や干し納豆など、乾燥させることにより食品の保存性を確保しているものがいくつもある。

③塩分

海水の塩分濃度は約3・5％だが、塩分が8％程度になると繁殖できる微生物が限られるようになり、15％を超えるとほとんどの微生物は生育できない。浸透圧により、細胞内の水分を吸い出されてしまうためである。人類は古来より腐敗しやすい魚、獣肉、野菜などの食品を塩漬けにして保存してきた。現代でも魚介類は塩辛、獣肉はハムやコーンビーフなどに加工して保存されている。じつは、高濃度の塩分存在下で生育できる好塩性細菌も存在するが、このような微生物は生育が遅いうえに高濃度の塩分がないと生育できないので、病原性を発揮することはまずない。

発酵食品にも、醬油や味噌などのように高い塩分濃度により保存性を確保しているものは数多い。

④pH

白菜などの野菜を放置しておくとドロドロに腐ってしまうが、壺に入れて糠《ぬか》に漬けておくと、いつの間にか酸味が出て長持ちする。このように糖分の多い食品を通気を制限して保存すると、たいていは乳酸菌が繁殖する。乳酸菌は大量の乳酸を生成してpHを低下、つまり酸性にすることにより、中性付近のpHを好む雑菌を死滅させて自分たちに都合の良い環境を作り上げる。ほとんどの腐敗菌や病原菌は中性からやや塩基性の環境を好むため、乳酸菌が生育してpHが4・3程度まで下がると、健康被害をもたらす微生物はほとんど生育できない。

発酵食品の製造現場では、乳酸菌の出番が非常に多い。漬け物やヨーグルトは主役として働く乳酸菌がイメージしやすいが、チーズ、清酒、味噌、醤油、赤ワインなどの製造にも乳酸菌が重要な役割を果たしている。このように食品のpHを低下させることにより、雑菌の繁殖を抑え食品の保存性をよくすることが発酵食品の第一の意義である。

野菜や果物には糖分が多く含まれている。穀物の主成分であるデンプンも、分解されると糖分になる。デンプンや糖分は炭素（元素記号C）と水素（H）と酸素（O）により構成され、それぞれが1：2：1の割合で含まれている。つまり、炭素（C）が水（H_2O）と結合した形となっているので、炭水化物とよばれる。糖分は微生物に分解されると、乳酸や酢酸などの有機酸を生成してpHが低下する。甘酸っぱい匂いを放つようになり、酸味の強い味わいとなる。

一方、魚、獣肉、牛乳などにはタンパク質が多く含まれている。タンパク質には炭素と水素と酸素の他に窒素（N）と硫黄（S）が含まれているため、微生物に分解されると窒素を含むアミンやアンモニアが発生してpHが上昇する。窒素や硫黄を含む化合物が生成するため猛烈に臭くなるうえに、pHが中性から塩基性に傾くため腐敗菌や病原菌が繁殖しやすくなり、非常に危険である。このような発酵食品では、多量の塩分を加えることにより病原菌の生育を防ぐことが多い。漬け物は野菜を長期保存するために有効な手段だが、腐敗を防ぐために大量の食塩を加えるか、十分に乳酸菌を繁殖させてpH4程度の酸性にする。このようにして造られる塩辛い漬け物や酸っぱい漬け物は常温で長期保存できる。一方、浅漬けなどはこの条件を満たさないので腐敗しやすい。浅漬けは漬け物なのに冷蔵保存が必要であり、早く食べなければならないことにはこのような理由がある。

発酵で旨味を引き出す

最高級の肉牛でも、精肉直後の肉は美味しくない。エイジングとよばれる熟成の工程を経て初めてブランド牛にふさわしい味わいとなる。一般的なウェットエイジング法では、牛肉のブロックまたは半身の枝肉を真空包装し、0℃近い温度で20~25日間保存しておく。北米やオセアニアから輸入されるチルドビーフは、輸送・流通に3~5週間かかるので、日本に到着する頃には熟成が完了して食べ頃になっている。エイジングの期間中に、肉に含まれるタンパク質分解酵素のため、肉の線維がゆっくりと分解して柔らかくなるとともに、アミノ酸が遊離するため旨味が引き出されると説明される。

味	アミノ酸の性質	アミノ酸	
甘味	主に親水性	グリシン(Gly) アラニン(Ala) トレオニン(Thr) プロリン(Pro)	セリン(Ser) グルタミン(Gln) アスパラギン(Asn)
旨味 酸味	酸性	グルタミン酸(Glu) アスパラギン酸(Asp)	
苦味	塩基性	ヒスチジン(His) アルギニン(Arg) リジン(Lys)	
苦味	主に疎水性	フェニルアラニン(Phe) チロシン(Tyr) バリン(Val) メチオニン(Met)	ロイシン(Leu) イソロイシン(Ile) トリプトファン(Trp) システイン(Cys)

表1.1　**アミノ酸固有の味**

一般に、タンパク質には味がない。ほぼ純粋なタンパク質成分である、卵の白身、豆腐、鶏のササミなどを思い浮かべれば納得がいくだろう。タンパク質は多数のアミノ酸が連結して構成されているが、アミノ酸には味がある。たとえば、最も量が多いアミノ酸のひとつであるグルタミン酸のナトリウム塩は旨味調味料（いわゆる「味の素」）そのものである。

タンパク質を構成する20種類のアミノ酸にはそれぞれ固有の味がある。大雑把には、グリシンなど水に溶けやすい親水性アミノ酸は甘味を持つものが多く、グルタミン酸のような酸性アミノ酸は旨味や酸味を有している。一方、アルギニンなどの塩基性アミノ酸やフェニルアラニンなどの水に溶けにくい疎水性アミノ酸は苦味を持つものが多い。（表1・1）。

発酵食品の製造過程では、微生物が自分の栄養分を確保するために食材に含まれるタンパク質を分解する過程でアミノ酸が遊離して独特の味わいが生まれる。タンパク質を分解して生成するアミノ酸の混合物からは、総じて旨味が感じられる。旨味や甘味は食品の美味しさを増し、酸味や苦味も食品のコクとなり味わいとなる。食品の旨味を引き出すと言われる発酵食品のメカニズムであり、発酵食品の第二の意義である。

発酵が栄養吸収を助ける

世界の人々のおよそ8割が穀物を主食としている。三大穀物とされる米、小麦、トウモロコシを主食とする人々は、それぞれ約32億人、17億人、5億人である（国連食糧農業機関〈FAO〉統計、2001年）。一方、米の生産量は全世界で4・6億トン、小麦は6・8億トン、トウモロコシは8・6億トンである（FAO統計、2011年）。生産量の少ない米を主食とする人が最も多いのは一見不思議に思われるが、米は87％が食用に供されるのに対し、トウモロコシは59％が家畜の飼料に使われるためである。

ドイツはビールとソーセージが有名だが、毎日の食卓にはジャガイモが姿を変え、形を変えて現れる。南米アンデス山脈の高地が原産のジャガイモは寒さに強く生産性が高いため、農業史のうえでは偉大な作物である。16世紀にヨーロッパに持ち込まれ、ジャガイモの普及にともなってヨーロッパの寒冷な地域の人口の増加が記録されている。現代でもジャガイモを事実上の主食とする人々は多い。一方、アフリカ諸国ではキャッサバ、タロイモ、ヤムイモなどの芋類を主食とする人々が多い。全世界では10億人程度が芋類を主食としていると推定される。

植物は光合成により、空気中の二酸化炭素から炭水化物を作り出すことができる。一方、タンパク質を作るには窒素分が必要だが、植物は土壌中のアンモニアや硝酸の形態の窒素分しか利用することができないので、タンパク質を無尽蔵に作ることはできない。そこで、多くの植物は大量に生産した炭水化物をデンプンの形で貯め込むことになる。こうして米・麦・トウモロコシなどの穀類やジャガイモなどの芋類として人類に利用されている。また、炭水化物を油などの脂質に変換して種子に貯蔵する植物もある。人々はこのような植物の種子を搾ってゴマ油やナタネ油やオリーブオイルとして利用している。

人間に必要な三大栄養素は炭水化物、脂質、タンパク質である。穀類と芋類はデンプンに富むので主食により炭水化物は確保できるし、炭水化物を体内で脂質に変換できるので、脂質も確保できる。残念ながら穀類や芋類にはタンパク質がわずかしか含まれていないので、人類はタンパク質を確保するための副食物が必要である。古来より、海辺や湖畔に住む人々は魚を獲ってタンパク源としてきた。野生動物が豊富な地域の人々は、狩りをして野生動物や鳥を捕まえた。草原に住む人々は家畜を飼って、その乳と肉に頼ってきた。では、農村に住む人々はどうやってタンパク質を確保してきたのだろうか。

豆類の根の組織の中に棲む根粒菌《こんりゅう》とよばれる細菌は、空気中の窒素ガスをアンモニアなどの植物に利用できる窒素分に変換することができる。根粒菌は窒素分を宿主の植物に供給する代わりに、植物から炭水化物をもらって生育しているので、双方に利益がある相利共生の関係にある。豆類は根粒菌のおかげで確保した窒素分を用いていくらでもタンパク質を生産することができる。そのため、豆類は炭水化物の代わりにタンパク質を貯め込んで種子を作る（表1・2）。

いつの頃からか、人類は肉を食べなくても豆を食べれば栄養失調にならないことに気がついたのだろう。ただし、豆にはプロテアーゼインヒビターとよばれる栄養阻害物質が含まれているので、生で食べると必ず消化不良を起こす。この物質は加熱により失活するので、豆類は必ず火を通して食べなければならないが、これも辛い経験から得られた教訓によって習慣化したことだろう。

豆類の中では世界的に大豆の生産量が圧倒的である。日本では大豆の生産量は年間22万トン程度だが、それでは足りないので米国などから毎年３００万トン程度輸入されている。

タンパク質はそれぞれ個性的な20種類のアミノ酸が連結してできているので、タンパク質の性質も千差万別である。卵の白身の主成分であるアルブミンや、牛乳の主成分のカゼインなどは柔

乾燥重量 100g あたり	米（玄米）	小麦	トウモロコシ	ジャガイモ	大豆
エネルギー（kcal）	414	385	409	376	482
タンパク質（%）	8.0	12.1	10.1	7.9	38.6
脂質（%）	3.2	3.5	5.8	0.5	22.5
炭水化物（%）	87.3	82.5	82.6	87.1	33.7
灰分（%）	1.4	1.8	1.5	4.5	5.4

（文部科学省「日本食品標準成分表　2015 年版（七訂）」より算出）

表1.2　主要作物の栄養分

らかく分解しやすいので消化も良いが、髪の毛の主成分であるケラチンなどは非常に固くほとんど分解できない。タンパク質を消化するためには、膵液などに含まれるタンパク質分解酵素が必要だが、固いタンパク質の塊は分解酵素がなかなか侵入できないため、分解に非常に時間がかかる。消化管の中を食物が通過する時間はおおむね一定なので、固いタンパク質は時間切れで分解されないまま排泄され、結果として栄養源とすることができない。グリシニンなどの大豆のタンパク質は、長期間の貯蔵に耐えるために固い構造をしているうえに、難分解性の繊維質がガッチリ絡まっているため分解が難しく、煮豆などにして食べても半分以下しか消化できないと推定されている。

消化が悪いと栄養価が下がってしまうので、貴重な大豆タンパク質の消化をよくするために、古来よりさまざまな工夫がなされてきた。大豆のタンパク質が固まる前の未熟な状態で収穫したものが枝豆であり、ゆでて塩を振ると格好のビールのつまみとなる。大豆を砕いて煮出した汁を固めたものが豆腐であり、繊維質が除かれているためタンパク質が消化しやすくなっている。大豆を暗所で水に漬けて発芽させたものが大豆もやしである。発芽に必要なエネルギーを得るために、大豆自身が貯蔵タンパク質を分解しているので消化がよくなっている。大豆を煮たものに納豆菌を繁殖させたものが納豆である。大豆のタンパク質の一部を納豆菌が分解しているので、食べた人の消化が楽になっている。さらに、大豆に麴菌と耐塩性の微生物を作用させてタンパク質をじっくりと分解したものが、味噌であり醬油である。醬油では大豆のタンパク質がほぼ完全に分解されてアミノ酸になっている。

微生物の作用により、難分解性のタンパク質を分解して消化吸収をよくし、栄養価を向上させることが、発酵食品の第三の意義である。

第2章

発酵の基礎知識

「発酵」という言葉は、古くから多くの人々に使われてきたため、立場により少しずつ異なる意味で用いられている。ここでは、まずはじめに科学的な狭い意味での発酵について解説し、つづいて私たちが日常生活で用いる広い意味での発酵について説明していく。

発酵の化学

学術的には「発酵」は、「微生物が有機物を嫌気的に分解してエネルギーを得る反応」と定義される。「嫌気的」とは酸素を使わないという意味であり、「有機物」とは炭素を含む化合物であるから、「発酵」は酸素を使わずに炭水化物などの有機物を分解してエネルギーを得る反応のことである。一方、酸素を使って有機物を分解してエネルギーを得る反応は「呼吸」とよばれる。

発酵は化学反応であるから、発酵という現象を理解するためには少しばかり化学式のお世話になる必要がある。化学式を極めるのは専門家でも一苦労だが、発酵という現象を理解するためだけなら、それほど難しくない。

図2・1は水とグルコースの化学構造式である。Cは炭素原子、Oは酸素原子、Hは水素原子を表している。複数の原子が結合した物質を分子という。水の分子は、1個の酸素原子と2個の水素原子が結合して［H—O—H］の構造をとっている。ブドウ糖とよばれるグルコースは、炭

水の構造式

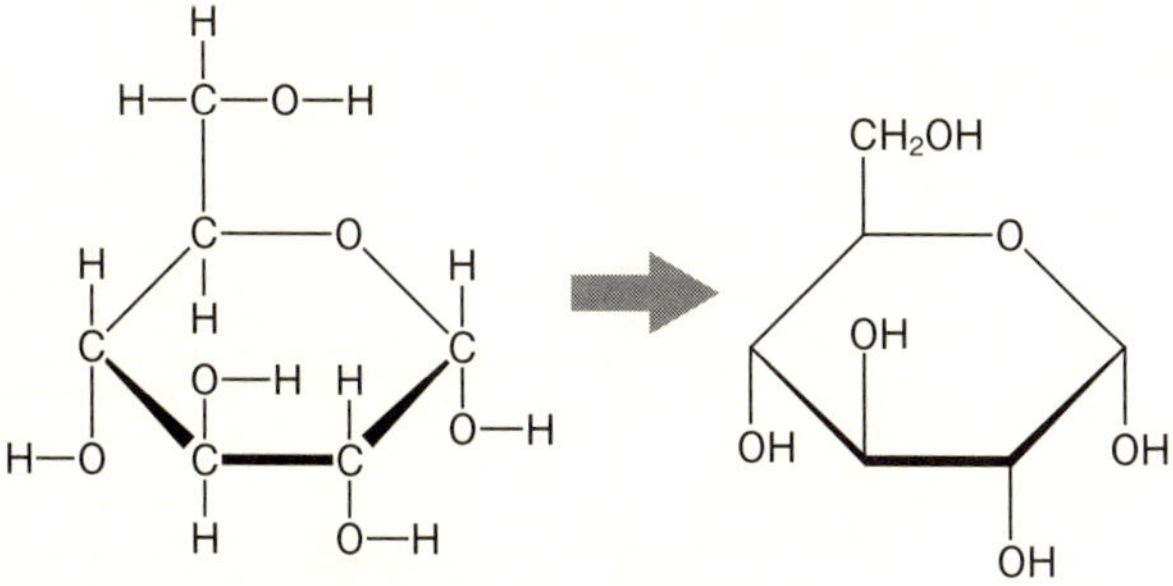

グルコースの構造式

図2.1　**水とグルコースの化学構造式**

ヒドロキシル基：−OH	水溶性：中性
アミノ基：$-NH_2$	水溶性：塩基性
カルボキシル基：−COOH	水溶性：酸性

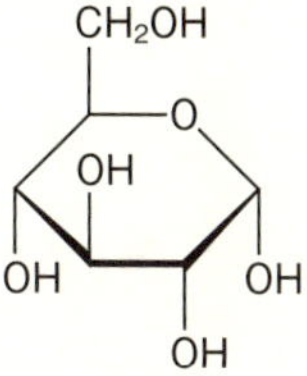

グルコース
ヒドロキシル基５個

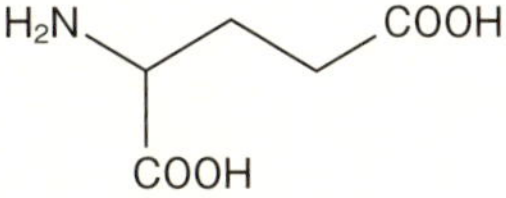

グルタミン酸
アミノ基1個
カルボキシル基２個

図2.2　**発酵に関わる主な官能基**

素原子6個、水素原子12個、酸素原子6個が結合している。非常に複雑に見えるが、水素は常に1個の原子と結合するので連結棒が1本だけであり、酸素は2本、炭素は4本の連結棒を持つというルールがあるので、連結の組み合わせは限られる。この構造式は煩雑なので、一般には炭素原子Cと水素原子Hの一部を省略した構造式が用いられる。簡略化された構造式には折れ線の角に炭素原子Cが存在し、連結棒ルールに従って水素原子Hを補うと完全な構造式が得られる。

グルコース分子には［-OH］が5個存在するが、これはヒドロキシル基（水酸基）とよばれる官能基である。このように、数個の原子が特定の連結構造を持つ原子団を官能基とよぶ。官能基は分子に特有の性質を与えるので、官能基に注目すれば分子の性質におおよその見当がつく。ヒドロキシル基は中性の親水性官能基であり、ヒドロキシル基を含む分子は水に溶けやすくなり、甘味を示す傾向がある。糖の分子には［-OH］が3~5個含まれている。

酢酸CH_3COOHや乳酸$CH_3CH(OH)COOH$などの有機酸は、酸性の官能基であるカルボキシル基［-COOH］を含んでいる。硫酸や塩酸などの強力な鉱酸と違ってまろやかな弱酸であり、［-COOH］を持つ化合物は水に溶けやすく酸性で酸味をもつ。

アミノ酸のひとつであるグルタミン酸には窒素原子（N）が存在する。窒素原子の連結棒は3本である。アミノ酸は塩基性の官能基であるアミノ基［-NH_2］を持つ酸なのでアミノ酸とよばれる。アミノ基はアンモニア［NH_3］と類似した構造を持つため水に溶けやすく、弱い塩基性を示す。発酵現象を理解するためには、これらの3つの官能基を覚えておけば十分と思われる。

一方、これらの官能基を持たず、炭素と水素の割合が多い油脂のような化合物は水に溶けにくいことも覚えておきたい。

呼吸と発酵——生命がエネルギーを作る2つの仕組み

一般に、炭水化物やタンパク質などの有機物を酸化するとエネルギーを得ることができる。極端な酸化反応は燃焼であり、炭水化物は酸素（O_2）により二酸化炭素（CO_2）と水（H_2O）に分解され、その過程で膨大なエネルギー（熱）が放出される。グルコース（$C_6H_{12}O_6$）は酸素が十分あると完全に二酸化炭素と水に分解され、その過程で生体内エネルギー分子であるＡＴＰを38分子生産する。酸素を吸入する呼吸では、完全燃焼と同じ反応式で化学反応が進行する。

一方、発酵は酸素を使わないので完全燃焼は望めない。グルコースは解糖系とよばれる酸素を使わない反応系により2分子のピルビン酸（$C_3H_4O_3$）を生じ、ＡＴＰが2分子得られる。このとき、放出される4個の水素はＮＡＤとよばれる補酵素に結合してＮＡＤＨの形で生体内を流通する。

解糖系で放出される水素は、酸素があれば燃焼して多量のエネルギーとともに消費できるが、

エネルギー分子生産

呼吸 ＝完全燃焼

$C_6H_{12}O_6 + 6O_2 \dashrightarrow 6H_2O + 6CO_2$　38ATP

グルコース　酸素　水　二酸化炭素

乳酸発酵

$C_6H_{12}O_6 \dashrightarrow 2C_3H_6O_3$　2ATP

グルコース　乳酸

アルコール発酵

$C_6H_{12}O_6 \dashrightarrow 2C_2H_5OH + 2CO_2$　2ATP

グルコース　エタノール　二酸化炭素

図2.3　**呼吸の発酵のエネルギー効率の違い**

発酵の過程では酸素がないので、この水素を何とかして処理しなければならない。

そのひとつが乳酸発酵である。解糖系により生じたピルビン酸を水素により還元すると、乳酸が生成する。この反応は乳酸脱水素酵素とよばれる酵素により触媒される。結局1分子のグルコースから、2分子の乳酸（$C_3H_6O_3$）が生成することになる。この発酵様式を乳酸発酵という。漬け物やヨーグルトの中では、乳酸菌によりこの反応が進行して乳酸が生成している。乳酸発酵では1分子のグルコースからATP分子を2個しか生産することができないので、呼吸に比べて格段にエネルギー効率が悪い。呼吸を完全燃焼とすると、発酵は不完全燃焼なので、効率が悪く乳酸のような燃え残りが出るとイメージできる（図2・3）。

この反応はヒトの筋肉でも起こる。急激な運動による疲労を「筋肉に乳酸がたまる」と表現することがある。これは、呼吸による酸素の供給が間に合わない状況で、少しでもエネルギーを得るために筋肉内で乳酸発酵を行うためである。乳酸脱水素酵素による反応は可逆的なので、しばらく休憩して酸素の供給が間に合うようになると、逆方向に反応が進んで乳酸がピルビン酸に戻り、通常の酸素呼吸の回路に回るようになる。疲労回復のメカニズムである（図2・4）。

解糖系で行われる発酵にはもうひとつある。解糖系で生成したピルビン酸を、ピルビン酸脱炭酸酵素により二酸化炭素とアセトアルデヒド（CH_3CHO）に分解し、次に、アセトアルデヒドを水素により還元するとエタノール（C_2H_5OH）が生成する。これがアルコール発酵である。

パン酵母とよばれるサッカロミセス・セレビシエ（*Saccharomyces cerevisiae*）は、主としてアルコール発酵を行う。ワイン、ビール、清酒などのアルコール飲料は、酵母のアルコール発酵により生産されている。酵母がアルコール発酵を行うことにより糖分が豊富なブドウが、ワインになることを確認したのは偉大なフランスの化学者ルイ・パスツールであり、１８５７年のことである。

糖分の発酵では、乳酸発酵とアルコール発酵が主要な2経路である。ある微生物がどちらの発酵を主として行うかは、その微生物の中で乳酸脱水素酵素とピルビン酸脱炭酸酵素のどちらが強く働いているかで決まる。つまり、乳酸菌は強い乳酸脱水素酵素を持つために乳酸発酵を行い、

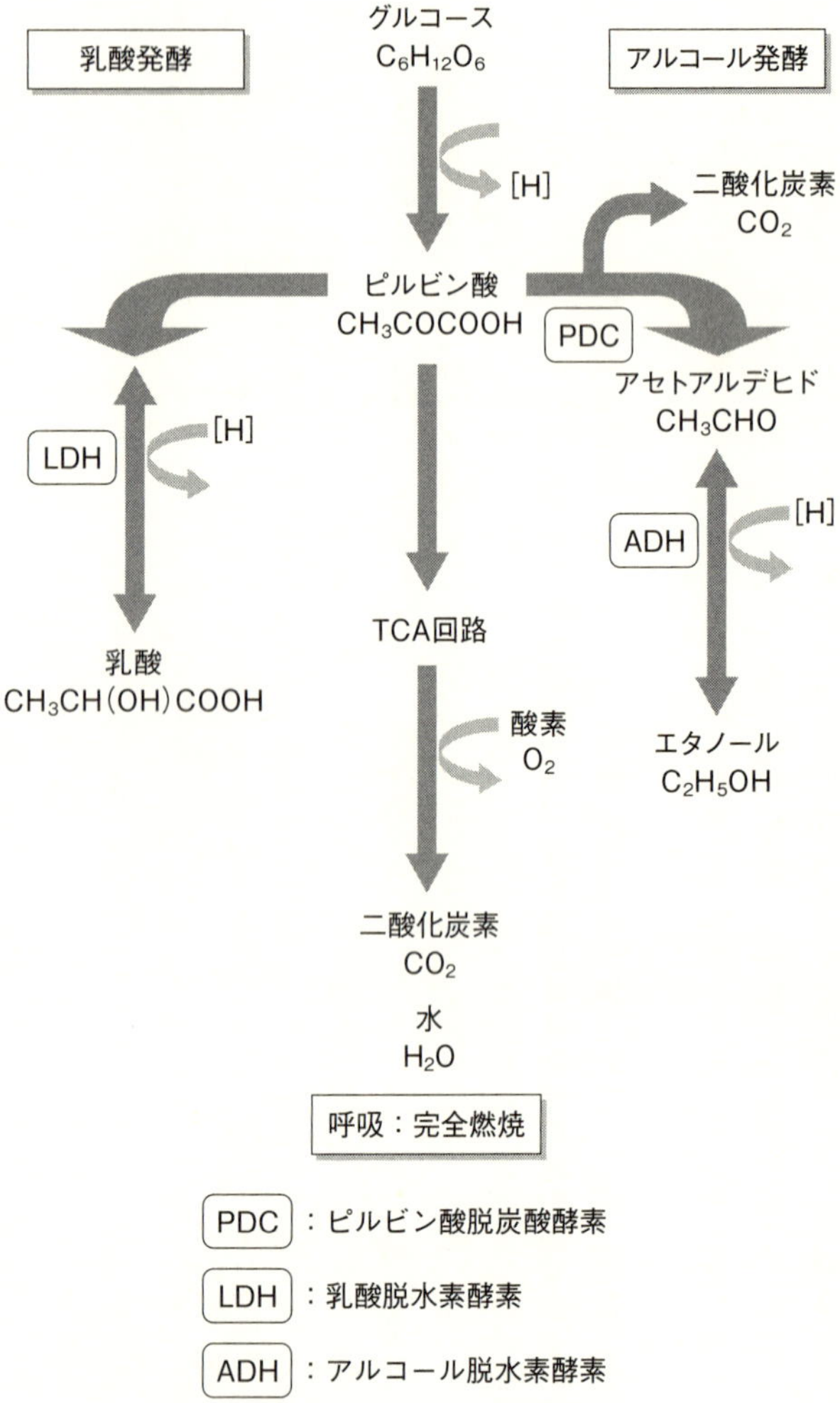

図2.4　**呼吸とアルコール発酵・乳酸発酵の仕組み**

パン酵母は乳酸脱水素酵素が弱く、代わりにピルビン酸脱炭酸酵素が強いために主としてアルコール発酵を行う。

人類が育てた発酵技術

世間一般で発酵とよばれている現象の中で、狭義の発酵の定義に当てはまるものはごく一部であり、実用上は非常に多様な反応が発酵とよばれている。生育に酸素を必要とする微生物が利用される「発酵」工程も数多い。

生育に酸素を必要とする微生物を好気性菌という。納豆を造る納豆菌や、食酢の製造に用いられる酢酸菌、味噌・醤油の醸造に用いられる麹菌《こうじきん》などは好気性菌である。酸素を用いる反応はエネルギー効率が高いため、好気性菌の生育は迅速で、反応熱により生育培地の温度が上昇することも多い。好気的な代謝の反応が完了すると有機物が完全に分解されて、二酸化炭素と水などの無機物に変換される。

一方、酸素がなくても生育できる微生物は嫌気性菌とよばれる。乳酸発酵を行う乳酸菌やアルコール発酵を行う酵母は嫌気性菌である。嫌気性菌の中で、酸素があってもなくても生育できる微生物は通性嫌気性菌であり、酸素の存在下では生育できない微生物は絶対嫌気性菌とよばれ

酢酸発酵

2エタノール(C_2H_5OH)＋酸素O_2
→ 2酢酸(CH_3COOH)＋水H_2O
酢酸菌

クエン酸発酵

グルコース($C_6H_{12}O_6$)＋$\frac{3}{2}$酸素O_2
→ クエン酸($C_6H_8O_7$)＋2水H_2O
黒カビ

図2.5　**酢酸発酵とクエン酸発酵**

る。嫌気的な代謝反応はエネルギー効率が悪いためゆっくりと進行し、さまざまな有機物が残留し、蓄積する。

自然界では地表面や流水中では常に酸素が供給されるが、水底や土壌中や消化管の内部では速やかに酸素が使い切られて、嫌気的な環境となる。通性嫌気性菌の多くは酸素を使い切ると、代謝系を嫌気的な発酵に切り替える。一方、発酵は手っ取り早くエネルギーが入手できることから、酵母のように、高濃度の糖分が存在する環境では酸素があっても発酵を優先する微生物もいる。

糖分やアルコールなどの中性の有機物に対して酸素を使う「発酵」が起こると、酸素原子を2個含むカルボキシル基[-COOH]が生成して有機酸ができることが多い。

食酢は酢酸を含む調味料の一種であり、酢酸菌が酒に含まれるエタノールから酢酸(CH_3COOH)を生成する。この工程は酸素を必要とする反応であり、狭義の発酵の定義には当てはまらないが、工業的には酢酸発酵とよばれる。

クエン酸（$C_6H_8O_7$）は柑橘類に含まれる有機酸であり、酸味の主成分である。カルボキシル基を3個含むため非常に酸っぱいが清涼感のある味わいで、疲労回復や運動能力向上効果があるとされ、各種のサプリメントや清涼飲料に添加されるとともに、酸味の利いたキャンディーなどにはクエン酸の粉末がまぶされている。

クエン酸は安価な糖蜜などを原料に、アスペルギルス・ニガー（*Aspergillus niger*）とよばれる黒カビにより生産される。この工程はクエン酸発酵とよばれ、石油化学工業に匹敵する生産効率が得られるため、工業的なクエン酸の生産法として確立されている（図2・5）。

このように、工業的には微生物を用いて有用な化学物質を生産する工程はすべて発酵とよばれ、各種の有機酸、アミノ酸、核酸、抗生物質などさまざまな化合物が発酵法により生産されている。

発酵と腐敗を分けるもの

日常生活の中でも、堆肥（コンポスト）の生産などに発酵現象が利用されている。堆肥は、稲《いな》藁《わら》・籾殻《もみがら》・家畜ふん・生ゴミなどを混合し野積みにして、細菌・糸状菌・原生生物などさまざまな微生物群を繁殖させることにより作られる肥料である。単一の微生物ではなく、枯草菌《こそうきん》や放線菌など多様な微生物群が働き、変遷しながら堆肥となっていく過程は堆肥発酵ともよばれる。

作物に与える堆肥には、有機物よりもカリウムやリン酸などのミネラルと、難分解性の腐植質による土壌改質能力が重要である。そこで、堆肥化の過程では有機物を効率よく分解して消費させるために、主として好気性菌を働かせる必要があり、通気が重要である。盛んに活動する微生物が発する熱により、発酵中の堆肥の温度は55℃から60℃に達し、ウイルス・害虫の卵・雑草の種などは死滅する。

堆肥は発酵の途中ではアンモニア臭や刺激臭がするが、徐々に落ち着いて匂いが薄くなり、最終的にはやや香ばしい匂いがしてパラパラの状態になる。しかし、不適切な材料の混入や通気不足などがあると、ドブのような悪臭を放つようになる。こうなると植物の根を傷めるため堆肥として使用できず、腐敗とよばれることが多い。

寒冷地では牧場が雪に覆われる冬場の家畜の飼料を確保するため、青刈りした牧草をサイロで貯蔵する。サイロに積まれた牧草には嫌気性細菌が繁殖し、酢酸や乳酸を生成してpHが低下（酸性化）することにより、牧草の腐敗の原因となる好気性菌やカビの生育を抑える。この過程をサイレージ発酵といい、牧草の栄養価にも大きく影響することから、サイレージ発酵を成功させるため、水分の管理や乳酸菌の投入などさまざまなノウハウが蓄積されている。

家畜の飼料には有機物が必要なので、サイレージ発酵は主役が嫌気性菌であり、弱酸性の環境を保って飼料中の有機物を長期保存するのが目的である。よくできたサイレージは鮮やかな黄緑色でほのかに甘酸っぱい匂いがする。サイレージ発酵がうまくいかないと、カビが生えて暗緑色となり、アンモニアの発生により不快な臭いを発するようになる。このようなサイレージは家畜が食べたがらず、栄養価も低くなる。これも腐敗とよばれることがある。

大箱のミカンにいつの間にか青いカビがびっしり生えて、がっかりしたことがある人は多いだろう。保存しておいた野菜がいつの間にかブヨブヨになって褐色の汁が垂れる、冷蔵庫の魚や肉から怪しい匂いがするなどして、やむなく廃棄した経験は誰にもあるだろう。これも微生物が繁殖した結果であり、誰もが経験する腐敗である。

白菜などの野菜を糠床《ぬかどこ》に漬けておくと漬け物として賞味することができるが、放置しておくと腐敗菌が繁殖して食べられなくなってしまう。現象としてはいずれも微生物による有機物の分解反応であるが、人々の都合により「発酵」と「腐敗」とに呼び分けられている。

ただ、一般に発酵とよばれている工程には、実際には微生物が関与しないものもある。緑茶と紅茶はどちらもチャノキ（カメリア・シネンシス〈*Camellia sinensis*〉）とよばれる、秋に白い花が咲く常緑の低木の葉から作られる。

緑茶は摘み取った茶葉を蒸した後、緑色を保ったまますみやかに乾燥させることにより製造する。一方、茶葉を25℃程度で30〜90分間機械で揉み込むことにより、緑色の葉が鮮やかな赤銅色に変化するのを待って乾燥させたものが紅茶である。この工程も発酵とよばれるが、じつは微生物は関与していない。茶葉に含まれるポリフェノールオキシダーゼなどの酸化酵素の働きにより、茶葉の渋みの成分であるカテキンが酸化重合して紅色のテアフラビンなどの成分が生じ、紅茶特有の香りを生み出している。微生物は関与していないが、紅茶の製造者の間で「発酵」という言葉が一般的に使われている以上、紅茶を発酵食品から仲間はずれにするのはヤボというものであろう。ちなみに紅茶は製品になってからも発酵・熟成が進むので、保存にも気を遣う必要がある。

また、煙草はナス科の亜熱帯性多年草であるタバコ（ニコチアーナ・タバカム〈*Nicotiana tabacum*〉）の葉から作られるが、紅茶と同様の発酵工程を経て香り豊かな紙巻き煙草や葉巻が製造されている。

紅茶や煙草などの例外はさておき、微生物のおかげで良いものができるときが「発酵」、台無しになってしまうことが「腐敗」と言ってよいだろう。

味覚の科学

さまざまな食品の味わいを構成する基本の「味」として、長い間「甘味」「酸味」「塩味」「苦味」の4つが基本味とされてきたが、日本では1908年に東京帝国大学教授の池田菊苗《きくなえ》博士が発見したグルタミン酸ナトリウムの味わいが4つの基本味から説明できないことから、第5の基本味としての「旨味」の存在を主張してきた。それからほぼ1世紀が経過した2002年、「旨味」に特異的な味覚受容体が発見され、第5の基本味としての「旨味」が世界に認知された。「旨味」は英語でもローマ字の「Umami」が国際的に使われている。

「甘味」はショ糖が標準物質であり、ヒドロキシル基（-OH）が多い物質に甘味を感じるとされる。糖分やデンプンなどの炭水化物はエネルギー源となることから、甘味は「エネルギー源の味」である。

「塩味」の標準物質は食塩である。塩味を示すのは各種の鉱物イオンであり、エネルギー源ではないが、生体にはミネラルとして必要とされる成分である。塩味とは「身体の調子を整えるミネラルの味」である。

「酸味」の標準物質はクエン酸であり、酸性の物質に酸味が感じられる。天然で酸味を感じる食物としては、未熟で食べ頃になっていない果物や、腐りかけて酸敗臭を発するものが考えられる。酸味とは「要注意の味」なのである。

「苦味」の標準物質はキニーネとされるが、茶に含まれるテアニン、コーヒーなどに含まれるカフェインなども強い苦味を感じる。一般にアルカリ性の物質に苦味物質が多いが、自然界のアル

基本味	標準物質	化合物	生理的意義
甘味	ショ糖	糖分、炭水化物	エネルギー源
旨味	グルタミン酸 ナトリウム	アミノ酸、核酸	身体を作る基になる
塩味	食塩	ミネラル	身体の調子を整える
酸味	クエン酸	酸性物質	未熟・腐敗に要注意
苦味	キニーネ	塩基性物質など	毒の警告
辛味	カプサイシン		刺激物 痛覚の一種
渋味	タンニン		舌粘膜の変性

表2.1　**5つの基本味と辛味・渋味の正体**

カリ性物質の代表格は植物に含まれる毒性のアルカロイドである。すなわち、苦味は「毒の警告」の味であり、食べてはいけない味である。

「旨味」については、グルタミン酸ナトリウム、イノシン酸、グアニル酸の3つが旨味物質としていずれも日本人研究者の手により報告されている。グルタミン酸ナトリウムは昆布出《だ》汁《し》、イノシン酸は鰹出汁、グアニル酸はシイタケの出汁の主成分であり、いずれも日本料理の基本の出汁食材である。旨味物質はアミノ酸と核酸で、細胞を構成する必須の成分であることから、旨味は「身体を作る基となる味」である。

訓練を積んだモニターによる官能試験から、少量のイノシン酸またはグアニル酸を混合すると、グルタミン酸の旨味が最大で10倍以上に増強されることが見いだされている。旨味成分に相乗効果が生じるメカニズムは不明だが、日本料理には昆布出汁と鰹出汁の合わせ出汁をとることにより旨味を引き出す技法がある。旨味をとことん追求した職人が編み出した技術に改めて敬意を表したい。

第3章 発酵をになう微生物たち

文明と料理

1996年にサミュエル・P・ハンティントンが著した『文明の衝突』では、文化が国際政治において重要な役割を果たしていることが指摘され、文化的・歴史的・宗教的な観点から現代の諸国家を8つの主要文明により区分することが提案されている。

①西欧文明（欧州、北アメリカ　西方教会に基づく文明圏）
②東方正教会文明（東欧、ロシア　正教会に基づく文明圏）
③イスラム文明（中東、北アフリカ諸国　イスラム教に基づく文明圏）
④ヒンドゥー文明（インド、南アジア諸国　ヒンドゥー教に基づく文明圏）
⑤アフリカ文明（アフリカ諸国）
⑥中華文明（中国、東アジア、東南アジア諸国　儒教に基づく文明圏）
⑦ラテンアメリカ文明（中央アメリカ、南アメリカ諸国　カトリックに基づき土着文化と融合した文明圏）
⑧日本文明（日本　中華文明から派生して成立）

この文明の区分には批判も多い。たとえば、東南アジア諸国は儒教よりも仏教の影響が強く、独立した仏教文明とする学説も有力であり、非常に多様なアフリカをひとつの文明と考えることには無理があることはハンティントン自身も認めている。

唯一の単一国家による文明とされる日本はどうだろうか。政治的には607年に聖徳太子が隋の煬帝に送ったとされる国書「日出づる処の天子、書を日没する処の天子に致す。恙無《つつがな》しや」以来、中国の冊封《さくほう》体制から独立してきた日本も、文化的には多大な影響を中国から受け続けており、日本文明が中華文明から独立した文明であるかどうかは意見の分かれるところである。

文明の基盤となる文化には料理も重要な要因であり、各々の文明の独自の料理が発達している。キリスト教には食事制限がほとんどないことから、西欧文明には豪華絢爛なフランス料理を初めとして、イタリア料理、スペイン料理、ドイツ料理など、長い伝統に支えられたさまざまな料理が存在する。いずれも、小麦を原料とするパンやパスタと肉や乳製品が中心であり、ワインやビールが好まれる。これらの国々では、食事の際に肉の塊を捌《さば》くためにナイフやフォークなどの刃物が用いられる。

イスラム文明では宗教上の戒律のため豚肉やアルコールが忌避され、ハラールとよばれる加工調理のルールを遵守した食品だけが許されるが、羊肉、鶏肉、豆類などを材料としてスパイスを利かせた多彩な料理が食されている。ヒンドゥー文明では牛肉が厳重なタブーであり、一般に肉食が忌避される傾向にあるため、さまざまな野菜料理や各種のスパイスを調合したカレーおよび乳製品が好まれる。アフリカ文明を含め、これらの文明圏では素手で食事をとることが多い。

水に恵まれない地域が多い中華文明では、食材にはほとんど制限がなく、さまざまな材料が調理され、多彩な中華料理が開発され受け継がれてきた。古来より火を通した温かい食事が重視されてきたため、中華鍋を用いて炒めた料理が多い反面、生野菜や冷たい料理はほとんど存在しない。食事に箸《はし》を用いることも特徴的である。

日本文化と和食

日本は中華文明の影響を長い間受けてきたが、文字にしても建築や美術にしても、日本は外国の文化を旺盛に取り入れても、そのまま受け入れることはほとんどなく、必ず風土と慣習に添った改良と工夫を加えて独自の文化を形成してきた。食に関しても、和食とよばれる他に例を見ない独特の日本料理の体系が確立されていることを考えると、日本文明を独立した文明圏とするのもあながち自意識過剰ではないだろう。日本でも食事に箸を用いるが、中国や韓国では汁物や炒飯のために匙《さじ》を併用するので、箸だけで食べる作法は日本独自である。代わりに、日本では食器を持ち上げて汁物を啜《すす》ることが許されている。これは日本以外の国では不作法とされるので、海外旅行の際には気をつけたいところである。

日本料理とは何だろうか。日本食レストラン海外普及推進機構が外国人に紹介する代表的日本料理には、寿司、天ぷら、すき焼き・しゃぶしゃぶ、味噌汁、うどん・蕎麦、とんかつが紹介されている。あまり知られていないが、和食文化国民会議により11月24日が「和食の日」と制定されている。日本料理とされるものはバラエティーが広く、格式が高い豪華な会席料理、質素な精進料理、正月を祝うおせち料理、海の幸山の幸の鍋料理から庶民的な丼物、お好み焼きなどの粉物、ラーメンなども日本料理と認識されている。しかし、伝統的な日本料理と言えば、出汁をとり味噌や醤油で味付けする和食がイメージされるだろう。

料理は土地の素材と風土をもとに発展する。古代より自然を畏怖する日本人は、神の怒りを買うのを怖れるため、伝統的に獣肉を穢《けが》れとして避けてきた。また広い草原などの牧場の適地がなかったため、酪農が根付かなかった。そのため、西洋料理ではメインディッシュとなる獣肉とソースの素材となる乳製品が日本料理には欠けている。獣肉の臭みを抜くための香辛料や濃厚なソースもなく、食事にナイフやフォークのような刃物も用いない。

また、麦よりも米の栽培に適した温帯モンスーン気候のため、米が主要な穀物として定着している。そのため、小麦粉を原料としたパンが食されることがなかった。これらの事情より、和食は白飯を主食とし、淡白な味付けの野菜と魚を箸で食する料理として発展してきた。食材が自由に入手できるようになった現代でも基本は変わっていない。

和食は、新鮮な食材と一汁三菜を基本にしたバランスの良い組み合わせで自然と季節感を表現したものが基本である。濃厚なソースなどは使わず、食材そのものの良さを素直に引き出すための工夫が凝らされている。このような目的を達成するために、特有の調味料が使用されている点も見逃せない。鰹や昆布の出汁、塩、酢、醤油、味噌、日本酒、みりんなどが主な調味料であるが、ほとんどが日本独自の発酵食品である。さらに言えば、醤油、味噌、日本酒、みりんはすべて麹菌とよばれるカビを用いて製造されている。すなわち、麹菌こそが和食を和食らしくする根本なのである。

では、麹菌とはどのようなカビであろうか。そもそも、発酵食品の製造にカビを用いるのは東洋の伝統であり、西洋では食品の加工にカビはほとんど使われない。白カビを用いたカマンベールチーズや青カビを用いるロックフォールチーズなどは数少ない例外である。夏場に乾燥しがちなヨーロッパや北米では、食品を放置してもほとんどカビが生えないため、カビになじみがない。ビールやウイスキーの醸造のために穀類のデンプンを分解するときも、麦の発芽時（麦芽）に生産される酵素アミラーゼが用いられる。

一方、高温多湿な環境を好むカビは、夏場に雨が降るモンスーン気候地帯であるアジアでは非常によく繁茂する。米、麦、大豆などの穀物にカビなどの微生物を生育させたものを「麴《こうじ》」といい、日本酒や中国の黄《ホアン》酒《チユウ》などの穀物酒を醸造するときも、麴菌のアミラーゼにより穀類のデンプンを分解する。

発酵食品の製造にコウジカビの一種である黄麴菌（アスペルギルス・オリゼー *Aspergillus oryzae*）を用いるのは日本だけである。東アジアや東南アジアではコウジカビではなく、クモノスカビが発酵食品の製造に使われている。この違いはどうして生じたのだろうか。日本独自の麴菌について、少々紙面を費やして紹介したい。

麴菌――カビで発酵する

カビの生態

乳酸菌や納豆菌などの細菌の大きさは1～3ミクロン（1ミクロンは1000分の1ミリメートル）、パン酵母は5～10ミクロンである。肉眼の解像度は0・2ミリメートル（200ミクロ

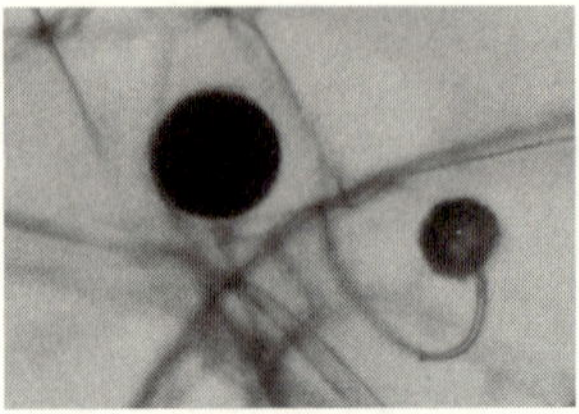
クモノスカビ

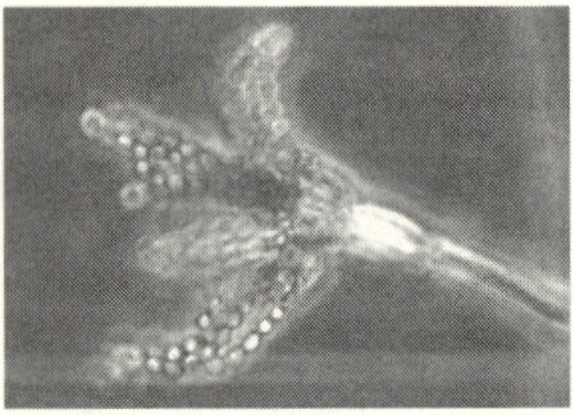
アオカビ

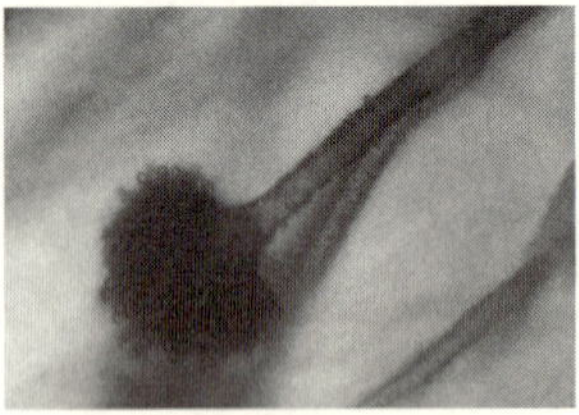
コウジカビ

図3.1　**代表的なカビ**

ン）程度であるから、どう頑張ってもこれらの微生物を肉眼で捉えることはできない。異臭を発して濁った汁や、ねばついた食材に膨大な微生物が存在しても、人間の眼に視覚的に認識されないため、微生物については自然発生説などの非科学的な迷信がなかなか払拭されなかった。一方、カビは数ミリの大きさがあるので、肉眼で確認できる。良いカビと悪いカビを識別し、良いカビを選抜して育種することが古くから可能であった。

アオカビはペニシリウム属のカビである。1ミリメートル程度の短い菌糸が生え揃った様子が、なめらかなビロードの布のように見える。生育は比較的ゆっくりしていて、7日たってもコロニーの直径は2センチメートル程度である。放置したミカンやモチにいつのまにか生えている緑色のカビの多くがアオカビであり、抗生物質であるペニシリンの生産菌としても有名である。

コウジカビはアスペルギルス属のカビであり、2〜5ミリメートルの菌糸の先に緑色の胞子が着生する緑色のふわふわしたカビである。麹菌とよばれるアスペルギルス・オリゼー（以下、A・オリゼーと表記）もこの仲間である。

ちなみに、漢字で「麹菌」とは、日本で発酵食品の醸造に用いられているカビのことであり、黄麹菌、黒麹菌、白麹菌、紅麹菌、醤油麹菌などがある。単に麹菌といえば黄麹菌（A・オリゼー）のことである。一方、カタカナで「コウジカビ」とはアスペルギルス属のカビのことであり、菌糸の先端が膨らんで頂嚢《ちょうのう》を形成するのが特徴である。コウジカビには、病原性を有するA・フミガタスなども含まれる。

クモノスカビはリゾプス属のカビであり、1センチメートルを超える長い菌糸の先端に黒い球形の胞子嚢を形成する。非常に生育が早く、わずか2日間で直径9センチメートルのシャーレ全体に拡がるほどの生命力を示す。

このように、アオカビ、コウジカビ、クモノスカビは一般の人々にも肉眼で容易に識別できる（図3・1）。

クモノスカビの餅麹と麹菌のバラ麹

酒造りの最初の工程は、穀物のデンプンを分解して糖分にする「糖化」である。日本以外の東アジア・東南アジア諸国の多くでは、生のまま穀物を粉にして少量の水を加え、団子状または煉《れん》瓦《が》状に練り固めて「餅麹《もちこうじ》」を作り、室《むろ》に入れて1週間から1ヵ月保管する。この間に、室の土着微生物や収穫の際に付着していた微生物が生育するが、この条件ではたいてい生育の早いクモノスカビが卓越する。餅麹は国や地方により工程や繁殖する微生物が少しずつ異なる伝統的な製法であり、中国では麯、台湾では白麯、タイ（食酢）ではルクパン、東南アジア諸国ではラギー、ヒマラヤ山地ではマルチャとよばれ、醸造技術が連綿と受け継がれている。

クモノスカビはリンゴ酸、コハク酸などの有機酸を多く生産するため、餅麹のpHが低下し、雑菌の混入を防止しやすい。また、クモノスカビのアミラーゼは、生産量は少ないが生のデンプンを分解する能力に優れるため、穀物を蒸さずに生のまま粉にして麹を作ることが可能である。

クモノスカビは菌糸の伸長が非常に早いため、穀粒粉に迅速に菌糸が張り巡らされて麹が餅状に固まり、自然に餅麹が形成されていく。餅麹の中心部では酵母が生育してアルコール発酵を行うので、餅麹は固体の状態のままでアルコールをふくんだ醪（もろみ）となる。カビの胞子の味わいはもろみには望ましくないが、餅麹ならば表面だけしか胞子が形成しないので好都合である。こうして餅麹から醸造される酒は紹興酒などのように非常に豊潤な味となる。

さらに、餅麹を蒸して蒸留し、白酒《パイチュウ》とよばれる蒸留酒にすることにより、雑味を除いたスピリッツを楽しむことができる。蒸留後に発生する大量の粕は豚の飼料となり、豚の糞尿は原料の穀物を栽培する肥料となる。貴重な生物資源の循環の輪が餅麹を通して完成していることからも、アジアの地に住む人々の知恵が感じられる。

一方、日本では麦や米などの穀物を蒸し、穀粒がバラバラの状態で麹菌を繁殖させる「バラ麹」が用いられる。麹菌には多量の酸素が必要なので、バラ麹にして通気性を確保することが重要である。さらに麹菌は生育が早いカビではないため、雑菌の混入を防ぐ工夫が必要である。そのため室の中で自然発生にまかせるわけにはいかず、穀物を蒸して殺菌したうえに純粋培養した麹菌を接種しなければならない。

麹菌はアミラーゼなどの酵素の生産性が非常に高いので効率よく穀物のデンプンを分解することができるため、麹の生産に必要な期間が圧倒的に短く、2~3日で完了する。さらに、純粋培養のため非常に澄んだ味の清酒を造ることが可能であり、原料に対するアルコールの生産性も格段に高い。つまり、飼いならすことができれば麹菌の生産性を大いに活用し、他国に類を見ない発酵食品を作ることが可能である。

では、なぜ日本以外の国では醸造の工程で麴菌が用いられてこなかったのだろうか。それはおそらくカビ毒のためだろう。

1960年の春から夏にかけて、イングランドで10万羽以上の七面鳥の雛《ひな》が死ぬ「七面鳥X病」が発生した。飼料として与えられたブラジル産のピーナッツに生えていたA・フラバスというカビが産生する毒素が原因であることが判明し、この毒素はアフラトキシンと命名された。アフラトキシンは熱に強く、蒸しても毒は消えない。多量に摂取すると、ヒトや動物に急性の肝障害を起こし、黄疸、腹水、高血圧、昏睡などの症状を引き起こす。2004年にも、ケニアでアフラトキシン中毒により317人の黄疸患者が発生し、125人が死亡している。また、少量のアフラトキシンを長期間摂取すると、原発性の肝臓がんを発症する確率が高くなることが知られている。

じつは、アフラトキシンを生産するA・フラバスが形成するコロニーは、麴菌A・オリゼーのコロニーと非常によく似ていて、肉眼では区別がつかない。

東南アジアの豊かでなかった人々は、カビが生えた穀物をやむなく食し、不運にもカビ毒に当たった人も多かったことだろう。こうして東アジアや東南アジア諸国では、緑色のコウジカビは病気を引き起こす危険なカビであると認識され、発酵食品の醸造には忌避されていたと考えられる。

毒を作らないカビ

アフラトキシンを作るA・フラバスと麴菌A・オリゼーがよく似ているため、1960年代に欧米の分類学者が両者を同一種とすべきであると提案して大問題に発展したことがある。たしかに形態的にも遺伝学的にも非常によく似ているため、生物学的には同一種とするのが妥当であるが、伝統的に安全な微生物とされてきた麴菌がカビ毒の生産菌と同一となると大変である。麴菌の安全神話が崩壊し、醬油や味噌を安心して使えなくなるうえに、麴菌を用いた発酵食品の輸出にも支障を来すことになる。

そこで、日本中の醸造に用いられている麴菌が集められ、関連の研究者が総力を結集して麴菌の遺伝子を解析し、安全性について徹底的な検証が行われた。アフラトキシンの合成は多数の遺伝子が関与する長い生合成経路を経るため、関連するすべての遺伝子の活性が保持されているときだけ、アフラトキシンが生産される。日本の麴菌にはアフラトキシン生合成遺伝子は一通り揃っているが、いずれも重要な遺伝子の欠失や複数の突然変異のため、アフラトキシン合成能を完全に失っていることが確認され、安全宣言が出された。

この安全宣言は産業的には重要である。たとえば、1986年に公表されたOECDの報告書に基づいて産業製品に用いられる「優良工業製造規範（GILSP）」により、最小限の手続きで大規模に取り扱うことができる安全な微生物が規定されていて、日本では経済産業省がその微生物のリストを公表している。

GILSPに掲載される微生物の多くは、特定の菌株に限定されている。たとえば大腸菌（エシェリキア・コリ）にはO－157株のような病原菌が含まれるため、BL21株やK12株などの特定の菌株だけが指定株である。菌株によらず認定されているのは、麹菌（A・オリゼー）、グルタミン酸生産菌（コリネバクテリウム・グルタミカム）、耐熱性アミラーゼ生産菌（ゲオバチルス・ステアロサーモフィルス）、パン酵母（サッカロミセス・セレビシエ）の4種だけであり、これらの微生物は無条件に安全性が保証される超優良株である。

麹菌の安全性は米国食品医薬品局（FDA）にも認められ、食品添加物の安全基準合格証であるGRAS（Generally Recognized As Safe）が与えられている。

日本人が飼いならした麹菌

麹菌A・オリゼーの和名は「ニホンコウジカビ」であり、事実上日本にしかいない。では、麹菌はどこから来たのであろうか。日本のどこかにいた麹菌を偶然に誰かが見つけ出した可能性が完全に否定されたわけではないが、２００５年に麴菌のゲノム解析が完了して遺伝子が解読されると、Ａ・フラバスと比較してＡ・オリゼーは、

①カビ毒を生産する遺伝子群が機能を失っていること

②1個の胞子に複数の核（一般的なカビでは1個）が含まれるため、形質が安定で発芽が早くなること

③アミラーゼの遺伝子が重複して酵素の生産量が増大していること

など、ことごとく発酵生産に好都合な変化が起こっていることが明らかとなった。このことから、元来Ａ・オリゼーは自然界には存在せず、祖先のＡ・フラバスから日本人が発酵食品に都合の良い株を選抜・育種してきたものと考えるのが妥当である。なるほど、麴菌が日本にしかいないわけである。

ではいったい、日本人はいつごろから麴菌を飼いならしていたのだろうか。日本で水田耕作が始まった弥生時代には、蒸した米を口に入れて嚙み砕き唾液を含ませてから壺に吐き入れて保存した。唾液のアミラーゼによりデンプンが糖分に分解し、天然の酵母がアルコール発酵を行って酒ができた。これが口嚙み酒である。口嚙み酒は大変な手間がかかるので大量生産には向かず、主として神事などの儀式に用いられていた。

やがて、蒸米にカビが生えると、口で嚙まなくても同じような酒ができることに気がついた。

麹菌の学名A・オリゼー（*A. oryzae*）は「米に生えるカビ」という意味である（イネの学名はオリザ・サティバ〈*Oryza sativa*〉）。初期の頃は、蒸した米に自然に生えたカビをそのまま酒造りに用いていたのだろう。やがて、カビの生えた米を種として、蒸米に植えることによりどんどん増やし、そこから性質の良いカビを選んで次の酒造りに使うようになったと考えられる。米麹《こめこうじ》の始まりである。しかし、この方法は不安定で、他のカビや乳酸菌が混入して酒造りに失敗することも多かったと考えられる。

やがて、酒造りのためのカビを専門に造る技能集団が現れ、酒造家にカビを供給するようになる。種麹屋《たねこうじや》の出現である。室町時代には、種麹屋の組合である麹座が酒屋に麹を供給していたこと、税を確保するために幕府の役人が麹の密造を取り締まったことなどの記録が残っている。やがて種麹屋は、味噌や醤油の製造業者にも専用の麹を供給するようになり、和食の根幹を支える清酒・醤油・味噌製造の元締めとなって発展していく。現代でも秘伝の技により製造され、桐の箱に収められた種麹が全国の酒造家に出荷され、吟醸酒などの醸造に用いられている。

種麹屋の技能の根幹は、麹菌の純粋培養である。その秘訣は樫《かし》や椿《つばき》の材木の灰（木灰）を麹菌が生育した蒸米に加えることである。麹菌は木灰の添加によりいっせいに胞子を付けるので、この胞子だけを集めて種麹とした。顕微鏡が発明されていない時代に、99%を超える驚異的な純度の種麹が流通していたのだ。

図3.2　麹菌の胞子
十分に熟成した麹菌A・オリゼー。直径5～8ミクロンの胞子が数千個着床して0.2～0.5mmに達するので肉眼で視認できる。

木灰の投入により蒸米が塩基性となって雑菌が死滅するとともに、リン酸やカリウムなどのミネラルを供給して麹菌の胞子の着生を促進する効果があることが判明している。さらに、木灰は蒸米の米粒がくっつくのを防ぎ、全体をサラサラにして胞子の回収を容易にしている。木灰の投入はじつに合理的な方法であり、誰が始めたのか分からないが、日本の発酵食品の発展に大きく貢献した画期的なアイディアである。

一般の教科書では、微生物の純粋培養はドイツの細菌学者ロベルト・コッホが1870年代に寒天培地を用いた培養法を考案したのが元祖とされているが、14世紀の日本で麹菌の事実上の純粋培養と商業化が達成されていたことは特筆に値する。

日本の「国菌」

日本の国歌は「君が代」、国旗は「日の丸」。ここまでは1999年に制定された国旗及び国歌に関する法律で定められている。

日本の国花は桜。古来より詩に詠まれ、花見の祭りと文化を育み、百円硬貨に刻まれ、春の門出に文字通り花を添える桜を国花として認めない日本人はいないだろう。ただ、皇室の御紋章は菊であり、公式には菊を国花と見る人もいるが、いずれも法的な根拠はない。

日本の国鳥はキジ。1947年に日本鳥学会が定めたものである。日本の特産種であり、オスは赤い顔に優美な緑色の体と長い尾を持つ国鳥にふさわしい気品のある野鳥である。

日本の国蝶はオオムラサキ。オスは鮮やかな青紫色の翅《はね》を持つあでやかな大型の蝶であり、最近は残念ながら見ることが少なくなったが、1957年に日本昆虫学会に選定されている。

学会が国鳥や国蝶を決めて良いならば、ということで、日本醸造学会が日本を代表する微生物の選定に乗り出した。幾多の議論を経て2006年に麹菌を日本の国菌として認定し宣言した。ここでは麹菌として、黄麹菌（A・オリゼー）、醤油麹菌（A・ソーエ）、黒麹菌（A・リュウキュウエンシス）、白麹菌（A・カワチ）が挙げられている。麹菌は清酒、醤油、味噌、焼酎の醸造に欠かせない微生物であり、流通等を含めると日本のGDPの約1パーセントに麴菌が関与していることからも、国菌としての資格は十分と言えよう。

麴菌という微生物

一通り麴菌の話をしたところで、一般的なカビという微生物について解説しておきたい。カビは細胞の中にハッキリとした核をもつ真核生物であり、光合成を行わないため、周囲の有機物を分解して吸収する微生物である。このような性質をもつ微生物を菌類といい、カビと酵母とキノコがこの仲間である。菌類の中で、生活環（生物が成長し次世代を作るまでの一回りの期間）の大部分を単細胞として過ごすものが酵母であり、菌糸が寄り集まって子実体とよばれる構造体を形成するものがキノコとよばれる。

カビは菌糸とよばれる糸状の細胞を周囲の有機物や土壌中に伸長させて生育する。やがて空気中に気中菌糸とよばれる菌糸を伸ばし、先端に数百個から数千個の胞子を着生する。胞子は空気中に拡散して新天地をめざし、栄養条件の良い場所に着地した胞子は出芽して再び菌糸を伸長する。空気中に菌糸を伸ばす目的は、胞子を効率よく拡散するための高さを確保することであり、キノコの形成の目的も同様である。ミズカビのように水中に生育するカビもあるが、一般にカビは固形物に付着して生育することを好み、水中では生育が悪く胞子も作らない。長大な菌糸にはところどころに隔壁が形成される。隔壁から隔壁までが1個の細胞であり、1個または複数の核が含まれる。隔壁には小さな孔が開いていて、細胞同士で物質をやりとりしている。

カビの菌糸は太さが5～20ミクロン程度で、胞子の大きさは5～10ミクロンである。大腸菌や乳酸菌などの細菌は太さ0・5～1ミクロン、長さ1～3ミクロン程度なので、細菌に比べると格段に大きく、カビの胞子1個は細菌の数百倍の体積を持つことになる。パン酵母の大きさは5～8ミクロンであり、カビの胞子と同じくらいの大きさである。一方、ヒトの赤血球は約7ミクロン、肝臓の細胞は約20ミクロンなので、カビの菌糸の細胞は動物の細胞と同じくらいの大きさである。

麹菌A・オリゼーは、胞子が発芽すると盛んに菌糸を伸張して、穀粒などの内部にどんどん侵入していく。蒸米の米粒に麹菌の菌糸が食い込んでいくことを破精《はぜ》といい、破精込み具合が米の糖化に関係するので重要な観察事項となっている。麹菌は菌糸が引きちぎられると、オロニン小体とよばれるボールが隔壁孔を塞いで内容物の流出を防ぐ構造になっているので、少々の攪拌には耐えることができる。そのため、麹菌が生育する蒸米を頻繁に攪拌して品質を一定に保つバラ麹とよばれる麹造りが可能となっている。一方、クモノスカビは菌糸に隔壁がなく、菌糸が引きちぎられると内容物が一気に流失するため、クモノスカビの麹を攪拌すると急速に弱ってしまう。クモノスカビを用いる東南アジアや東アジアでは、穀物を固まりのままじっと保管する餅麴が主流となっている理由はこのようなところにも潜んでいる。

遺伝子解析技術とIT技術の進展にともない、麴菌の遺伝子を解読するゲノム解析が日本の研究者の手により実施され、その結果が2005年に公表されている。麴菌のゲノムは約3700万塩基で8本の染色体に約1万2000個の遺伝子を持つと推定されている。一方、人間のゲノムは約30億塩基で46本の染色体に約2万1000個の遺伝子が乗っていると考えられている。人間といえども、カビの2倍程度の遺伝子しか持っていないと思うと少々情けなくなるが、麴菌は意外に複雑な生物ともいえる。

光を感じる麴菌

麴菌を寒天培地に植菌し、培養器に入れずに実験室に1週間放置しておくと見事な同心円模様のコロニーが形成される。緑色が濃いところは胞子が密集し、薄いところは胞子の形成が少ない。これは麴菌が光を感知するためである。中心から外側に向かって菌糸が伸長していくときに明るいと胞子の形成が抑えられ、暗いと胞子の形成が促進されるため、昼夜の繰り返しにともなって同心円状に胞子が形成されることになる。

近縁のコウジカビであるA・ニドランスは、A・オリゼーとは逆に明るいときに胞子が形成され、暗いときは胞子形成が抑制される。自然界ではカビにとって暗いのは地中にあるときなので、暗いときは胞子形成を抑制し、地表に達して光にさらされると胞子を形成して子孫を拡散させるほうが合理的である。

では、なぜ麹菌A・オリゼーは逆なのだろうか。じつは、醸造の過程で麹を造るときは胞子を作らせないことが重要である。胞子が形成されると、醤油でも清酒でも強いエグ味が出てしまうため、菌糸だけ伸張させて胞子形成が始まる寸前に塩水などで仕込みを掛ける。このときに麹菌は死滅し、後は麹菌が産生した酵素だけが働き続けることになる。麹造りは麹室とよばれる約30℃に保たれた部屋で行われる。昼夜を分かたず蔵人《くらびと》たちが立ち働く部屋であり、作業場はつねに明かりで照らされている。このような環境で長年にわたって育種されてきた麹菌は、いつしか明るいところで胞子を作らない株が選抜されてきたと考えられる。

黒麹菌と焼酎

黄麹菌A・オリゼーは清酒の醸造にも用いられるが、焼酎の醸造には黒麹菌A・リュウキュウエンシス（近年A・アワモリより改名）や、黒麹菌から派生した白麹菌A・カワチなどが用いられる。清酒と焼酎の製造法の詳細については他書に譲るが、なぜこのような麹菌の使い分けがされているのだろうか。

清酒は古くから寒造りといって厳冬期に醸造されてきた。清酒の製造職人である蔵人たちは、夏場は農家として米作りに従事し、農作業ができない冬場に酒造りに精を出したという労働事情もあるが、もっと重要な要因は温度管理である。

冷凍機のなかった時代は、人為的に温度を下げることができなかった。そのため、発酵槽である樽のもろみの温度が必要以上に上がらないようにするために、雪の積もる厳寒の気温が必要だったのである。温度が上がりすぎると、清酒酵母よりも先に乳酸菌が繁殖してもろみが台無しになる「腐造」が発生しやすくなる。ひとたび腐造が発生すると、蔵元に大損害を与えるため、酒造りの責任者である杜氏《とうじ》が首を吊ってお詫びするような悲劇も起こった。

では、冬場に雪の降らない温暖地ではどうやって酒を造ったのだろうか。九州南部や沖縄などの温暖地では、黄麹菌の代わりに黒麹菌を用いて酒造りを行った。黒麹菌は鉄分が不足すると、鉄を引きつける性質をもつクエン酸を大量に生産する。クエン酸は乳酸よりも強い酸であり、pHが急激に下がって乳酸菌すら生育することができなくなる。そこで、酸に強い酒造酵母がじっくりとアルコール発酵を行うことが可能になる。

しかし、クエン酸は非常に酸っぱいので、できた酒をそのまま飲むことはできない。そこで、蒸留して焼酎にする。クエン酸は揮発しないので、アルコールと香気成分だけが揮発して濃縮される。じつに合理的な発想である。このような使い分けを経験と勘により生み出した日本の酒造技術には改めて驚かされる。

コウジ酸と美白化粧品

清酒醸造の職人である杜氏と蔵人たちは季節労働者であり、夏は農業に従事するのが一般的であった。農作業を行う人々は逞しく日焼けした手をしているものだが、清酒造りに携わる人々の手は不思議と白く、綺麗になることが昔から知られていた。

皮膚が黒くなるのは、メラニンという色素が沈着するためである。麹菌は発酵の過程でコウジ酸とよばれる有機酸を生産することは古くから知られていたが、三省製薬株式会社が1975年にコウジ酸がメラニン合成酵素であるチロシナーゼの働きを抑えることを発見し、コウジ酸を含む美白剤を開発した。コウジ酸については発がん性が疑われて薬用化粧品への使用が停止されたこともあったが（2003年厚生労働省通達）、詳細な安全性確認試験により化粧品としての使用は安全性上問題がないことが証明され、晴れて化粧品としての販売が再開された（2005年）。現在でも、副作用がなく安全に使うことができる美白成分として、さまざまな化粧品に使われている。

乳酸菌

乳酸菌の生態

乳酸菌は特定の微生物種ではなく、発酵により糖類から乳酸を大量に生産する微生物群の総称である。大腸菌といえばエシェリキア・コリ（E・コリと略）、枯草菌といえばバチルス・サブチリス（B・サブチリスと略）という学名のついた一種類の細菌をさすが、乳酸菌とよばれる細菌は約200種類が認定されている（図3・3）。

乳酸を生産する微生物がすべて乳酸菌とよばれるわけではない。消費する糖分に対して50％以上の乳酸を生成する細菌の中で、胞子を形成せず、運動性を持たず、生育にナイアシン（ビタミンB_3）を必要とするものが乳酸菌とされる。

乳酸菌は自然界では、植物の表面や果物、植物の発酵食品、動物の乳、動物の腸内などの栄養

図3.3　**乳酸菌**
糠床に生育するさまざまな乳酸菌。

豊富な環境に生息する。このような環境は、当然ながらライバルの微生物も非常に多い。乳酸菌は生育の過程で乳酸を大量に生成して周囲のpHを低下させ、他の微生物を駆逐することにより生き残っている。栄養豊富な環境に長年生育してきたため、乳酸菌は代謝系に欠陥があり、生育にはビタミンやアミノ酸など多くの栄養素を必要とする。糖分とわずかなミネラルがあれば生育できる大腸菌とは大違いである。

また、乳酸菌は酸素に弱く、空気にあまり触れない環境を好む。酸素が存在すると乳酸発酵を行わない菌が多く、ビフィドバクテリウムのように酸素があると全く生育できない菌もあるため、発酵食品の製造では通気の管理が重要である。

発酵食品の製造では多様な乳酸菌の中から製品に適切な菌株が生育することが必要であり、有用な乳酸菌が選抜され育種されている（表3・1）。

乳酸菌（属名＋種名）	特徴	用途
ラクトバチルス・ブルガリクス(1)	(2)と共生する長桿菌	ヨーグルト
ストレプトコッカス・サーモフィラス(2)	(1)と共生する連鎖球菌	ヨーグルト
ラクトバチルス・プランタラム	塩耐性の桿菌	漬け物
ラクトバチルス・カゼイ	長桿菌	ヤクルト
ラクトコッカス・ラクティス	連鎖球菌、双球菌	チーズ、発酵乳
テトラジェノコッカス・ハロフィルス	好塩性の四連球菌	味噌、醤油
ビフィドバクテリウム・ロンガム	嫌気性のビフィズス菌	乳酸菌飲料

表3.1　乳酸菌と発酵食品の組み合わせ

一方、酒類の醸造工程では不必要な乳酸菌が混入すると、アルコール発酵に用いられるべき糖分が乳酸発酵により消費され、酒造りに失敗することもある。

1850年代、フランスの科学者ルイ・パスツールのところにワインの製造業者から、ブドウ汁がワインにならずに酸っぱくなってしまう「ワインの病気」について相談が持ち込まれた。顕微鏡観察により、ワイン酵母が繁殖しているはずのブドウ発酵液中に細菌がうようよしているのを見いだしたパスツールは、この細菌（乳酸菌）こそがワインの病気の原因であることを突き止め、ワインの風味とアルコール分を失わずに乳酸菌を死滅させる低温殺菌法（60℃程度で30分）

を考案した。日本酒製造の最終工程にある「火入れ」と同じ原理である。

微生物の分類と命名

麹菌の学名はアスペルギルス・オリゼーである。このような学名は、国際規則によりカビや酵母は国際藻類・菌類・植物命名規約、細菌は国際細菌命名規約に従って命名されている。学名はラテン語で、姓名のように属名と種名の2つの語が組み合わされている。「属」と「種」は分類学の体系の一番下の2つである。ちなみに、ヒトの分類上の位置は、「真核生物ドメイン」—「動物界」—「脊椎動物門」—「哺乳動物綱」—「霊長目」—「ヒト科」—「ヒト属」—「ヒト種」であり、ヒト属「ホモ」とヒト種「サピエンス」の2つの語をとった「ホモ・サピエンス」がヒトの学名である。属名の最初の文字を大文字とし、斜字体(イタリック)で記述する。属名のみ省略可能で、ヒトならばH・サピエンスと表記することもできる(表3・2)。

ラテン語は、ルネサンス期には知識階級の人々が科学・哲学のため学んだ言語だが、現在は話す人がほとんどいない死語なので、時とともに語法が変わる心配がない。学名を理解するためにラテン語を覚える必要はないが、単語をいくつか覚えておくと微生物の特徴をつかむために便利である。

慣用名	学名	意味
大腸菌	エシェリヒア・コリ *Escherichia coli*	コリ：大腸
乳酸桿菌	ラクトバチルス・ブルガリクス *Lactobacillus bulgaricus*	ラクト：乳 バチルス：棒状
乳酸球菌	ストレプトコッカス・サーモフィルス *Streptococcus thermophilus*	ストレプト：連鎖 コッカス：球状
パン酵母	サッカロミセス・セレビシエ *Saccharomyces cerevisiae*	サッカロ：砂糖 ミセス：菌 セレビシエ：ビール
麹菌	アスペルギルス・オリゼー *Aspergillus oryzae*	オリゼー：米
ヒト	ホモ・サピエンス *Homo sapiens*	ホモ：人 サピエンス：考える

表3.2　**慣用名と学名**

たとえば、「バチルス」は棒状の意味なので、バチルスの付く微生物は棒状の桿菌、これに対して「コッカス」は球菌である。「ラクト」は乳の意味なので、「ラクト」の付く菌は乳酸菌と考えてよい。パン酵母の学名「サッカロミセス・セレビシエ」は、砂糖を食べてビールを作る菌を意味する。麹菌「アスペルギルス・オリゼー」は米に生えるカビの意味である。ヒトの学名「ホモ・サピエンス」は考える人という意味。考えることこそがヒトの証という、ヒトの学名を定めた人の心意気が感じられる。

種の定義は意外に難しい。交配可能で繁殖可能な子孫を生み出すことができる生物集団というのが定義であり、形態だけでは決まらない。たとえば、キャベツとカリフラワーとブロッコリーは見た目が大きく異なるが、すべてアブラナ科のブラシカ・オレラセアという同一種の植物である。野生種から人々が長年にわたって農作物として育種を繰り返したため見た目が大きく変わっているが、交雑も可能である。

人類の最も長い友だちと言われるイヌは、長年の育種によりさまざまな犬種が作り出されているが、手の平に乗せられるチワワから子供が乗れるセント・バーナードまで、すべて同一種カニス・ファミリアリスである。その証拠に、体の大きさが合えばどんな組み合わせでも雑種が生まれる。

一方、雌のウマと雄のロバを掛け合わせるとラバという動物が生まれる。粗食に耐えて力持ちという、ウマとロバの良いとこ取りの経済的な家畜であるが、ラバは不妊でありラバ同士で子孫を作ることができない。そこで、ウマとロバは別種の動物と定義される。

微生物の場合は一般に掛け合わせ実験ができないので、種の定義はさらに難しくなる。とくに細菌は小さいので顕微鏡で見ても変化に乏しく、形態だけで分類することはできない。カビは胞子の着生状況を頼りに分類するが、新しく採取したカビについて形態の特徴から属名までは同定できても、どこまでが同一種でどこから別種あるいは新種とするかは難しい問題である。

近年は、特定の遺伝子の塩基配列を決定してデータベースに照会し、登録されている菌株から類似性を推定する。候補が絞れたところで、公的な微生物の研究機関には各種の微生物の基準菌株が寄託されているので、取り寄せて自分の菌株と比較検討する。遺伝子の情報などを参考に、標準菌株とどの程度類似していれば同一種とするという基準にしたがって同定することになる。困ったことに、分類学者の意見も必ずしも一致せず、研究の進展により微生物の名称は学名を含めてしばしば変更されるため混乱を招くことも多い。

菌株の話

麹菌A・オリゼーと一口に言っても、清酒に用いられる麹菌と味噌や醬油に使われる麹菌は少し性質が違う。日本全国では蔵により独自の麹菌が使われている。同じ原料と工程で醸造しても、麹菌が違うと製品の味も香りも変わってくる。人にはそれぞれ個性があるように、同一種に分類される微生物であっても、由来によりそれぞれ性質が異なる。大腸菌でも遺伝子組換え実験に用いられるK－12のように人畜無害なものから、O－157とよばれる凶悪な腸管出血性大腸菌まで存在する。

このような個々の微生物を菌株といい、同一菌株であれば同一の遺伝子組成を有するので同じ性質を示す。発酵食品の製造では、同じ菌株の種菌を確保しておけば、いつでも同じ味の発酵食品を作ることができる。学術的な研究でも、同一の菌株を用いれば他人の研究成果と比較検討できる。ちなみに麹菌では、RIB40とよばれる菌株が標準菌株とされ、ゲノムの全塩基配列が決定されている。また、東広島にある酒類総合研究所には数百株の麹菌がストックされている。

大手の乳業会社は、製品により異なる菌株を用いて製品を作っている。ヤクルトの製造には代田稔医学博士により分離されたラクトバチルス・カゼイのシロタ株が使われている。さまざまな個性を持つ菌株は貴重な遺伝子資源であり、製造業者にとっては何にも代えがたい宝物である。微生物の研究所やメーカーでは、長年にわたって研究者や技術者の手により収集され改良育種された数百、数千株の菌株が出番を待って大切に保管されている。

抗菌ペプチド、ナイシン

発酵食品は保存性が命であり、乳酸菌を用いて作るチーズは生乳に比べてはるかに長期間保存できる。乳酸菌は乳酸を生成してpHを低下させることにより腐敗菌の増殖を防いでいるが、乳酸菌の武器は乳酸だけではない。

チーズ製造のスターターとして用いられる乳酸菌ラクトコッカス・ラクティスは、ナイシンとよばれる抗菌性物質を生産する。ナイシンは34個のアミノ酸が連結したペプチドであり、とくに胞子を形成するバチルス属とクロストリジウム属の細菌に対して殺菌効果を発揮するが、人畜無害でヒトには毒性を持たない。クロストリジウム属にはボツリヌス菌などの凶悪な食中毒菌が含まれるので、非常に都合の良い抗菌剤である。欧米を始め世界50ヵ国以上で保存料として使用されている。日本では２００９年から食品添加物の保存料としての使用が認められていて、乳酸菌から生産されたナイシン製剤が穀類およびデンプンを主原料とする生洋菓子、ソース、卵加工品、チーズ、味噌などに用いられている。

食品添加物は非常に厳しい安全性基準の下で使用されているので、人体に対する実質的な危険はない。しかし、食品は口に入る物だけにイメージの問題が重要であり、とりわけ合成保存料には神経質な人も多いと思われる。しかし、ナイシンは乳酸菌が作る安全性の高い天然抗菌剤であり、そもそもチーズなどには最初から含まれている。このような食品添加物ならば安心して食べられるのではないだろうか。

酵母

酵母の生態

酵母は生活環の大部分を単細胞で過ごす菌類である。光合成を行わず、運動性のない真核生物であり、5ミクロンから10ミクロン程度の球形・卵形または楕円形である。自然環境では果物の表面や樹液のたまるところなど糖分の多い場所に密集するが、水中や動物の粘膜などにも生息する。酵母の細胞は植物細胞とよく似ていて、厚い細胞壁があって中央に大きな液胞が存在する。細菌よりずっと大きいので、中学校の理科室にある400倍程度の顕微鏡でもコロコロした愛らしい姿を観察することができる。

生態的には非常に多種類の酵母が報告されているが、一般に酵母といえばイーストともよばれるパン酵母のサッカロミセス・セレビシエ（以下、S・セレビシエと略）をさす。糖分を分解してアルコール発酵する能力に優れ、悠久の昔から人類に酒類を供給してきたのがパン酵母であ

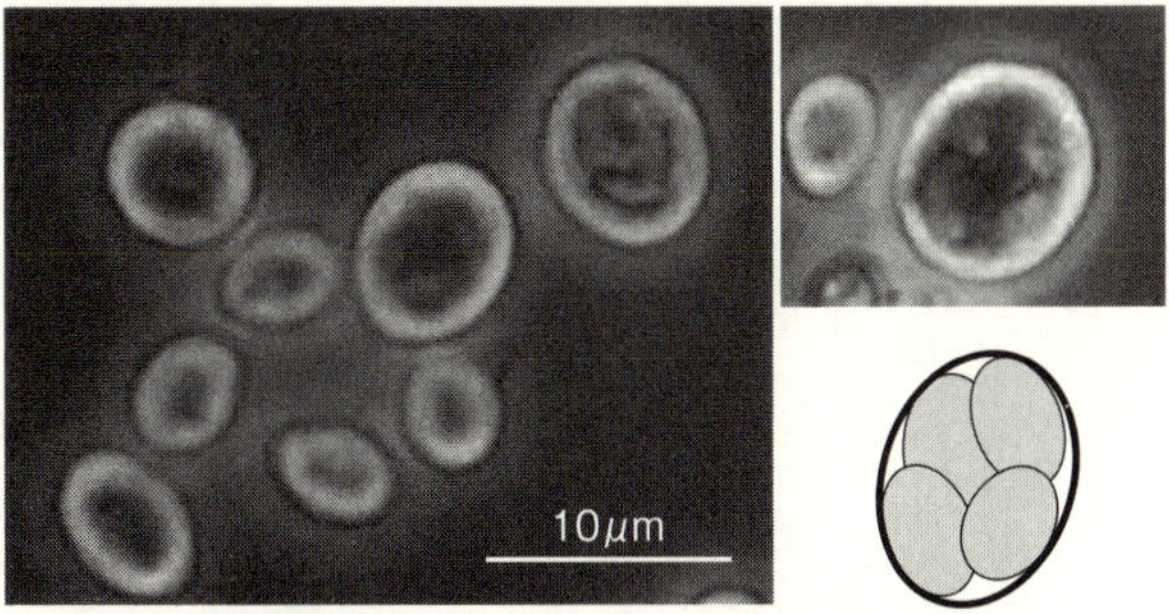

図3.4　パン酵母
アルコール発酵を行うパン酵母。窒素源が不足すると内部に4個の胞子を形成する。

る。分類学的には、ワイン酵母もビール酵母も清酒酵母もすべてパン酵母と同一種のS・セレビシエであり、それぞれの目的に応じて優良な品質を持つ菌株が選抜され育種されている。また、酵母の菌体は非常に栄養分に富むため、酵母の細胞成分を抽出して乾燥した酵母エキスは、食品や添加物としても利用されている。

酵母は培養しやすく遺伝的な取扱いが容易なことから、モデル生物として盛んに研究されてきた。パスツールが開拓した発酵・代謝の研究から遺伝学、分子生物学、細胞生物学、システム生物学の分野で研究者を魅了しつづけている。２０１６年にノーベル生理学医学賞を受賞した大隅良典博士も、研究材料にパン酵母を選択した点が自食作用（オートファジー）の研究に大きく奏効している。

酵母の大きな特徴のひとつは、出芽により増殖することである。大部分の微生物は分裂により増殖し、生じた細胞に親子の区別はない。一方、酵母は母細胞から出芽した娘細胞がだんだん大きくなり、母細胞と同じ大きさに育ったところで分離する。母細胞には娘細胞を切り離した跡(出芽痕)が残ることから、細胞の親子を明確に区別することができる(図3・4)。

酒造りとパン生地への利用

酵母の学名S・セレビシエは砂糖を食べるビールの菌の意味である。酵母はほとんど乳酸発酵を行わず、代わりに食品中の糖分を分解してアルコールを生産する。このため、保存用の発酵食品の製造に用いられる乳酸菌とは異なり、もっぱら酒類の醸造に用いられてきた。酒造以外の主な用途はパン生地の製造である。パン生地の中でアルコール発酵と同時に生成する二酸化炭素がパン生地を膨らませ、柔らかいパンを焼き上げるのに寄与している。

酵母と乳酸菌はともに栄養豊富な環境を好むが、乳酸菌のほうが生育が早いため、アルコール発酵を行う場合には注意が必要である。乳酸菌が大量に繁殖してしまうと原料が酒にならず酸敗してしまうため、伝統的な酒の醸造所は工程の管理に気を遣ったことだろう。実際に、酒類の醸造工程では、乳酸菌よりも酵母を優先して生育させるためにさまざまな工夫が凝らされている(表3・3)。

	乳酸菌	酵母	発酵食品への工夫
発酵様式	乳酸発酵	アルコール発酵	乳酸菌による腐敗防止
生育	早い	遅い	通常は乳酸菌が卓越する
酸素	感受性	耐性あり	乳酸発酵には空気を遮断する
生育温度	20〜45℃	10〜35℃	清酒の醸造は低温で行う
乳酸耐性	強い	さらに強い	乳酸菌の死滅後に酵母が生育する
アルコール	感受性	耐性あり	酵母による酒類の醸造
ホップ成分	感受性	耐性あり	ビールの醸造に使用
亜硫酸塩	感受性	耐性あり	ワインの醸造に使用

表3.3　**発酵食品中の乳酸菌と酵母**

ワインの醸造では亜硫酸塩が使われる。ワインの瓶には酸化防止剤として亜硫酸塩の使用が記載されているが、亜硫酸塩は製品のワインに添加されるわけではなく、醸造の工程で乳酸菌を抑制する目的で添加されている。古来は、ワイン樽に硫黄の塊を放り込んで火をつけて亜硫酸ガスを発生させ、亜硫酸塩を樽に染みこませる方法が採られていた。

ビールの醸造では、乳酸菌に対して殺菌作用を持つホップを用いる。ホップはビールに苦味と独特の風味を与えるが、抗菌作用も見逃せない。さらに、管理の行き届いた大工場では、乳酸菌が混入する隙を与えずに、培養した良質のビール酵母を大量に添加して発酵を行っている。

清酒の醸造では、清酒酵母を大量に用意し、低温で発酵させることにより対応する。じつは酵母は乳酸菌よりも乳酸に強いので、乳酸菌が自ら生産した乳酸により死滅した後でも増殖することが可能である。この性質を利用して、蒸米に自然に混入する乳酸菌を生育させて乳酸により他の雑菌を死滅させ、さらに乳酸菌が自滅した後でおもむろに増殖してくる酵母を酒母として利用するのが日本酒の生酛《きもと》造り（または山廃《やまはい》造り）である。ここでは事実上の酵母の純粋培養が成立している。乳酸菌は低温では急速に活動が鈍るが、酵母は10〜15℃程度の温度でも増殖してアルコール発酵を持続できるので、低温に保ってじっくりと酒を醸《かも》す。前述した、厳冬期に日本酒が醸造される理由はここにある。

乳酸菌は発酵が終了すると急速に死滅するが、酵母は厚い細胞壁を持つため乾燥して保存することが可能である。現代では自家製のパンを作るためにドライイーストが市販されているが、古代ローマ時代から中世ヨーロッパではパン生地の一部を保存しておき、次回のパン作りに使うことによりパン酵母が維持されていた。

ここまではS・セレビシエについて解説したが、酵母は他にもある。人類に利用される酵母の大半はS・セレビシエだが、味噌や醤油の熟成の過程では、耐塩性の酵母であるジゴサッカロミセス・ルキシー（Z・ルキシー）が活躍している。カスピ海ヨーグルトには乳酸菌の他にクリベロミセス・ラクティスとよばれる酵母が使われていて、ややアルコール臭い独特の風味を与えている。

漬け物の糠床表面に白い膜が張ることがある。これは産膜酵母といって、酵母の菌体が水面に膜上に生育したものである。漬け物を空気から遮断して乳酸菌の活動を活発にする効果があるが、一般には漬け物の風味を損なうものとして悪役扱いされることも多い。産膜酵母はとくに歓迎される酵母ではないようだ。

微生物と食品の安全性

発酵食品にはさまざまな微生物が利用され、発酵食品の数だけ微生物があるともいえる。納豆は蒸した大豆に納豆菌バチルス・サブチリス・ナットーを繁殖させて作る。醬油や味噌の醸造には、高濃度の食塩に耐性をもつ乳酸菌と酵母が用いられる。食酢は好気性の酢酸菌により酒から作られる。これらの微生物の詳細はそれぞれの発酵食品の項で説明するが、ここでは食品としての安全性について触れておこう。

グルタミン酸生産菌

グルタミン酸ナトリウムが昆布の旨味成分であることを１９０７年に池田菊苗が発見し、純粋なグルタミン酸ナトリウムが旨味調味料として利用できることは分かっていた。

グルタミン酸はタンパク質を構成するアミノ酸のひとつであり、初期には昆布から抽出したり、小麦や大豆のタンパク質を濃塩酸で加水分解したりして生産していたため非常に高価であった。そこで、なんとかしてグルタミン酸を発酵生産できないものかと、グルタミン酸を生産する菌の探索が行われ、１９５６年、協和発酵工業（現協和発酵キリン）の鵜《う》高《だか》重三《しげぞう》博士によりコリネバクテリウム・グルタミカムが発見された。以後、安価な糖蜜を原料にいくらでもグルタミン酸が生産できるようになり、「味の素」とよばれる旨味調味料の値段が劇的に低下した。この発見は、微生物を利用して各種のアミノ酸などの有用成分を生産する発酵工業の草分けとなり、20世紀の日本の10大発明のひとつに数えられている。

グルタミン酸ナトリウムはかつて「化学調味料」とよばれた時期もあるが、今では一般的に「旨味調味料」とよばれている。すべて微生物を用いた発酵法により生産されており、中華料理などの調理の現場や漬け物やレトルト食品など、さまざまな加工食品に広く使われている。

本書の読者の中には、発酵食品を語るのに旨味調味料などとんでもないと考える人もいるだろう。インターネットで検索すると、あちこちで「食べてはいけない」添加物として槍玉に挙げられているが、実際は、各国の研究機関により詳細な調査が行われ、1987年にJECFA（WHO／FAO合同食品添加物専門家会議）が1日許容摂取量を「指定なし」（設定の必要なしの意味）と定めている。米国食品医薬品局も、グルタミン酸ナトリウムを食塩や食酢などと同じ安全性のカテゴリーに分類しており、日本の厚生労働省も同様の見解を採っている。旨味調味料が健康に良くないというのは、都市伝説のように根拠のないものと考えてよい。

ただ、筆者の個人的見解だが、舌がしびれるほど旨味調味料を使った料理を食べ続けると、旨味調味料がないと満足感が得られにくい「味音痴」になるように思う。旨味調味料に限らず、味が濃くてハッキリしたものを食べ続けると、薄味が物足りなくなるのと同じである。なにごとも節度が重要ということであろう。

ボツリヌス菌中毒の脅威

発酵食品には、病原菌の混入による食中毒という負の側面もある。滅多に発生しないが最も警戒されている食中毒がボツリヌス菌中毒であり、クロストリジウム・ボツリナムとよばれる絶対嫌気性の細菌により発症する。ボツリヌス菌の繁殖力は弱いが、地上最強といわれるボツリヌス毒素を産生して神経伝達系を遮断するため、四肢麻痺を引き起こし、重篤な場合は呼吸筋が麻痺して死亡する。体重70キログラムの成人に対する致死量は0・7〜0・8マイクログラム（1マイクログラムは100万分の1グラム）であり、猛毒といわれる青酸カリの50万倍の強さである。

ボツリヌス菌は納豆菌のように耐熱胞子を形成し、耐熱胞子は100℃で30分程度の加熱でも死滅しない点が厄介である。挽肉と塩をケーシングとよばれる袋に詰めて茹でて作るソーセージは、古来よりボツリヌス菌中毒の原因となってきた。現代のハムやソーセージなどに保存料として亜硝酸ナトリウムが添加されるのは、ボツリヌス菌の増殖を抑制するためである。

日本でも鮒鮓、馴《な》れ鮓《ずし》などの郷土料理によるボツリヌス菌中毒が時折発生し、1984年には、真空パックの辛子蓮根が原因で31人が発症し9人が死亡する集団食中毒が発生している。

ボツリヌス菌の毒素は加熱により失活するので、加工保存肉なども食べる前に加熱すれば安全である。食品中に残ったボツリヌス菌の耐熱胞子を摂取しても通常は腸管まで届かないので、体内でボツリヌス菌が繁殖して発症することはない。ただし、乳児の場合は消化管が短く腸内フローラが未発達なため、耐熱胞子の摂取により乳児ボツリヌス症を発症することがある。乳児ボツリヌス症の原因となりうる食品はいくつか考えられるが、蜂蜜については因果関係が明確になっ

温度	100℃	105℃	110℃	115℃	120℃
加熱時間	300〜330分	40〜120分	30〜90分	10〜40分	4〜10分

表3.4　滅菌の加熱条件

ている。乳児に蜂蜜を与えてはならないと言われる理由はここにある。

殺菌と滅菌——消費期限と賞味期限

すべての加工食品には「消費期限」または「賞味期限」のいずれかを表示することと定められている。一般に、弁当、総菜、生菓子などの急速に劣化しやすい食品には、安全性を欠く恐れがない期間として「消費期限」が表示され、スナック菓子、即席麺など品質の低下が比較的穏やかな食品には、美味しく食べられる「賞味期限」が表示されるのが原則である。

腐敗しやすい加工食品は、製造の工程で所定の条件で加熱処理して腐敗菌を死滅させなければならないが、熱処理の条件により「殺菌」と「滅菌」に分けられる。食品に存在する大部分の微生物を殺すが、完全ではなく、時間経過により腐敗が生じる可能性のある加熱条件による処理が殺菌である。紙パックの牛乳などがその例であり、このような食品には「消費期限」が定められている。消費期限を過ぎた食品は、腐敗が始まっている可能性があり、もったいないからと食べるのは危険をともなう。

一方、耐熱性のある微生物や胞子などを含めたすべての微生物を確実に殺す加熱条件で処理することが滅菌である。缶詰や常温で保存するレトルト食品などがその例であり、このような食品には「賞味期限」が記載されている。缶詰などは、缶にサビなどがなければ賞味期限を過ぎたものでも食べることができる。

滅菌処理では、猛毒のボツリヌス毒素を放出し、厄介な耐熱性胞子を形成するボツリヌス菌が確実に死滅する条件で加熱が行われる(表3・4)。内容物やpHにより滅菌に必要とされる加熱条件が変わってくるが、過剰な加熱は余分なエネルギーがかかるうえに品質の劣化を招くことがあるので、必要最小限の条件を選択して加熱処理が行われている。

発酵食品の中の微生物の運命

さまざまな発酵食品に使用される微生物の役割と運命は、次のようにまとめることができる(表3・5)。

麹菌は、デンプンやタンパク質を分解する酵素の供給源として利用される。空気を大量に必要とするデリケートなカビなので、発酵食品生産の最初の工程で、蒸した米・麦や大豆などに育種された種麹を植菌して2~3日間だけ生育させる。清酒や醤油の製造工程で水や塩水に仕込むと

微生物	特徴	用途
麹菌 A・オリゼー	・酸素を必要とする緑色のカビ。日本人の家畜 ・アミラーゼ、プロテアーゼなどの酵素を大量生産する ・塩水などで仕込むと死滅する	味噌、醤油、清酒、みりん、食酢など
乳酸菌 L・ブルガリクスなど	・糖分から乳酸を生産してpHを低下させる細菌 ・栄養要求性が高い。酸素があると生育しない	ヨーグルト、漬け物、チーズなど
パン酵母 S・セレビシエ	・糖分からアルコールを生産する球状の菌類 ・乳酸菌と競合する	ワイン、ビール、清酒、パン、食酢
納豆菌 B・サブチリス(natto)	・耐熱性胞子を作る細菌。稲藁に生育 ・大豆タンパク質を分解してネバネバ成分を作る	納豆
耐塩性酵母 酵母Z・ルキシー 好塩性乳酸菌 乳酸菌T・ハロフィルス	・20%食塩存在下で生育可能	醤油、魚醤、味噌
酢酸菌	・アルコールを酸化して酢酸を生産する細菌	食酢
グルタミン酸生産菌	・ビタミンの制限によりグルタミン酸を生産する細菌	旨味調味料

表3.5　**主な発酵微生物の機能と特徴**

あっさり死滅し、その後の熟成工程では酵素だけがじっくりと働くことになる。「虎は死して皮を残す」という言葉があるが、麹菌は死して酵素を残す。

糖分が多い食材に乳酸菌が生育すると乳酸発酵が起こってpHが低下し、酵母が生育するとアルコール発酵が起こってアルコールが蓄積する。どちらも生育に空気を必要とせず、食材に自然に混入して生育することが多く、糖分がある限り貪欲に増殖して発酵を続ける。酵母は酸素を消費する過程で生成する過酸化水素を分解するカタラーゼを持っているので、空気に触れる環境でも生育できる。一方、乳酸菌はカタラーゼを持たないので酸化ストレスに弱い。そのため乳酸菌は、酸素が枯渇してから乳酸発酵を始めて生育する。一方、酵母は高濃度の糖分が存在する環境では、酸素があってもアルコール発酵を優先してどんどんアルコールを生産する性質を持つ。

乳酸菌と酵母はライバル同士でもあるが、同一環境では増殖速度に勝る乳酸菌に軍配が上がることが多い。しかし、乳酸菌はデリケートであり、酸素に弱く、高濃度の乳酸やアルコールに弱く、低温ではほとんど生育できないので、条件により酵母にも十分勝ち目がある。発酵食品や酒類の醸造現場では、微生物の性質に合わせて培養条件をコントロールし、必要な微生物の生育を導いている。こうした培養条件の制御が、微生物の存在が知られていなかった時代の試行錯誤の末に編み出されたところが、発酵食品を育んだ人々の偉大な点である。

発酵により生じる乳酸やアルコールは乳酸菌や酵母の生育に必要ではなく、いわば老廃物である。そのため、発酵・熟成工程の末期では、乳酸菌や酵母は自らが生産した乳酸やアルコールのために死滅していく。

栄養豊富な食材を放置すると急速に有害な腐敗菌が生育するため、発酵食品の製造工程ではなんらかの雑菌防止措置を執る必要がある。野菜や乳など糖分が多い食材の場合は、乳酸菌を生育させてpHを低下させ、ヨーグルトや漬け物にするのが一般的である。一方、肉や魚および大豆などタンパク質の多い食材や、野菜などでもあまり酸味を強くしたくない場合は、大量に食塩を加えて腐敗菌を防止する。この場合は、限られた耐塩性の乳酸菌や酵母だけがゆっくりと生育する。

酒類や醤油では、発酵中のもろみに含まれる酵母などの微生物を火入れやろ過により除去するので、発酵食品中に微生物は含まれない。しかし、発酵微生物の除去はむしろ例外的であり、発酵食品の多くは微生物を生きたまま口にする。好気性の納豆菌は食べられると速やかに死滅するが、酸に強い乳酸菌は一部が生き残って腸にまで届き、プロバイオティクス効果を発揮する。

第4章

納豆・味噌・醤油
――大豆発酵食品と調味料

納豆

各国の大豆発酵食品

　ほかほかの白飯に湯気の立つ味噌汁の香り。おもむろに取り出した納豆をよくかき混ぜ、糸を引いたところで出汁醤油をチョンと加え、ご飯にかけて……慎ましくも心豊かな日本の朝食の一コマ。いかにも日本的と思えるのも道理で、ツツーと糸を引く「糸引き納豆」は日本独自のものである。室町時代中期から記録があり、江戸時代には納豆売りが威勢良く街を売り歩いていた。慎ましかった江戸の庶民には納豆は貴重なタンパク源であり、朝食に限らず晩のおかずとして重宝されていた。

　蒸した丸大豆にカビや納豆菌を繁殖させた発酵食品は、東南アジア各国で伝統食品として庶民に親しまれている。ミャンマーにはペーポとよばれる納豆の一種があり、ネパールのキネマ、中国の豆鼓《トウチ》、韓国のチョングッチャン、インドネシアのテンペなど、製法も使用する微生物もさまざまだが、糸を引く納豆は日本だけのようである。

日本にも糸を引かないタイプの納豆がある。中国から鑑真《がんじん》によってもたらされたと言われる豆豉に日本の風土と土着微生物を用いた独自の改良が加えられ、奈良時代には朝廷の大膳職《だいぜんしき》で作られていた。「糸引き納豆」に対して、麴菌を植え付けた大豆を塩水につけ込むことから「塩辛納豆」とよばれる。京都では大徳寺、天龍寺などの寺院で作られることが多かったことから寺納豆ともよばれ、現代も大徳寺納豆（京都）や浜納豆（浜松）などが伝統を守り続けている。

納豆菌

納豆菌バチルス・サブチリス・ナットーは、枯草菌バチルス・サブチリスの一種であるが、通常の枯草菌を蒸した大豆に接種しても、納豆特有のネバネバはできない。

枯草菌を含むバチルス属細菌は長さ2～3ミクロンの長桿菌であり、生育に酸素を必要とする好気性細菌である（図4・1）。窒素源が不足すると、細胞内に胞子（芽胞）を形成するのが特徴である。胞子は長期の乾燥に耐えるうえに非常に耐熱性が高く、１００℃で10分間煮沸しても死滅しない。微生物の実験室に必ず備え付けられている高圧蒸気滅菌器（オートクレーブ）に基本設定されている１２０℃、20分間という加熱処理条件は、枯草菌の胞子を確実に死滅させる条

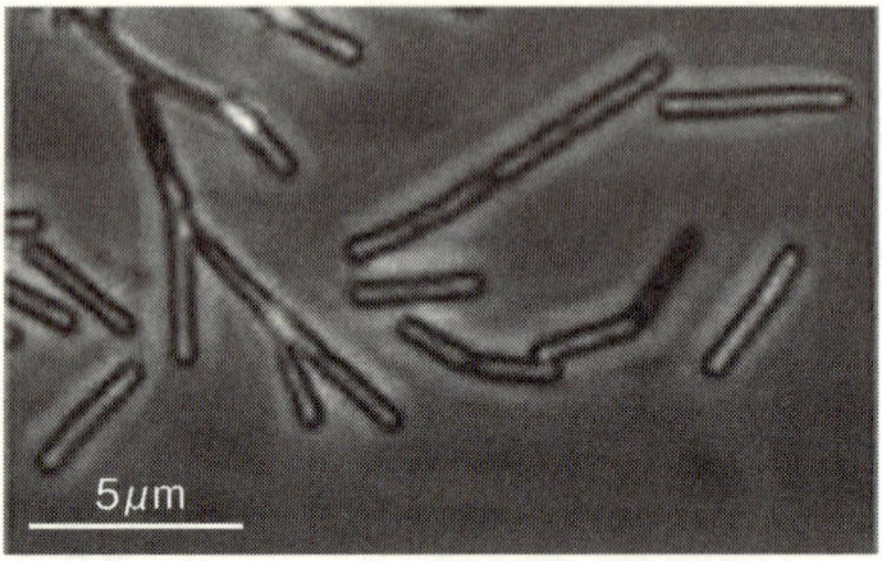
図4.1　**納豆菌**
枯草菌バチルス・サブチリスの一種で、γ－ポリグルタミン酸の粘り成分を生産する菌株が納豆菌として利用される。明るく光る部分は耐熱性の胞子。

件として定められている。

　バチルス属細菌は非常に生産性が高く、さまざまな物質を分解する酵素を大量に生産するものが多い。工業的には非常に重要な微生物だが、発酵食品に用いられるバチルス属細菌は糸引き納豆の納豆菌くらいである。

　酵素は特定の化学反応を触媒するタンパク質であり、生体内の化学反応はそれぞれ専用の酵素により進行する。酵素の工業的な最大用途は洗濯用の洗剤である。1987年に花王が発売した酵素配合粉末洗剤「アタック」が圧倒的な洗浄力を見せつけて以来、洗濯用洗剤に酵素を配合するのが世界の潮流となり、現在ではそれが常識となっている。洗剤用の酵素としては、垢汚れを分解するプロテアーゼ、油汚れを分解するリパーゼ、食べ物のカスを分解するアミラーゼ、汚れが絡みつく繊維を溶かすセルラーゼなどが用いられている。

　商業用の洗剤用酵素として成立するためには、アルカリ性の環境下で効くこと、界面活性剤に対して強いこと、アレルギー性がないこと、水に溶けやすいこと、大量生産できること、保存性が良いことなど、多数の条件をクリアする必要がある。こうした条件をすべてクリアする酵素を生産する微生物が各国のメーカーの研究者により探し出され、実用化されているが、その大部分がバチルス属細菌である。バチルス属細菌は生産性が高いうえに、アルカリ性環境で生育できるものや高温で生育可能なものが多いため、実用上好都合な菌株が見つかりやすかったのだろう。

デンプンを分解して糖分を得る工程も工業的に重要である。料理にとろみをつけるために水溶き片栗粉を使ったことがある人は承知のことと思うが、デンプンは冷水にはほとんど溶けないが熱水には容易に溶けてサラサラになる。したがって、デンプンの分解反応を高温で進めることができれば、工程が容易になり生産性が格段に向上する。ところが、デンプンを分解するアミラーゼは酵素なので、温度が高すぎると失活してしまう。しかし、高温で生育できる微生物ならば高温でも活性の高い酵素を生産することが期待できるので、高温で生育可能なバチルス属などの細菌が盛んに探索されている。

納豆菌はとくに稲の藁《わら》に多数生息していることが知られている。稲藁は日干しにして乾燥されるため、細菌やカビには厳しい環境である。納豆菌にとっても厳しい環境であることは変わりないが、胞子は十分乾燥に耐えられるので、結果として胞子を作る細菌が生き残る。良く干した稲

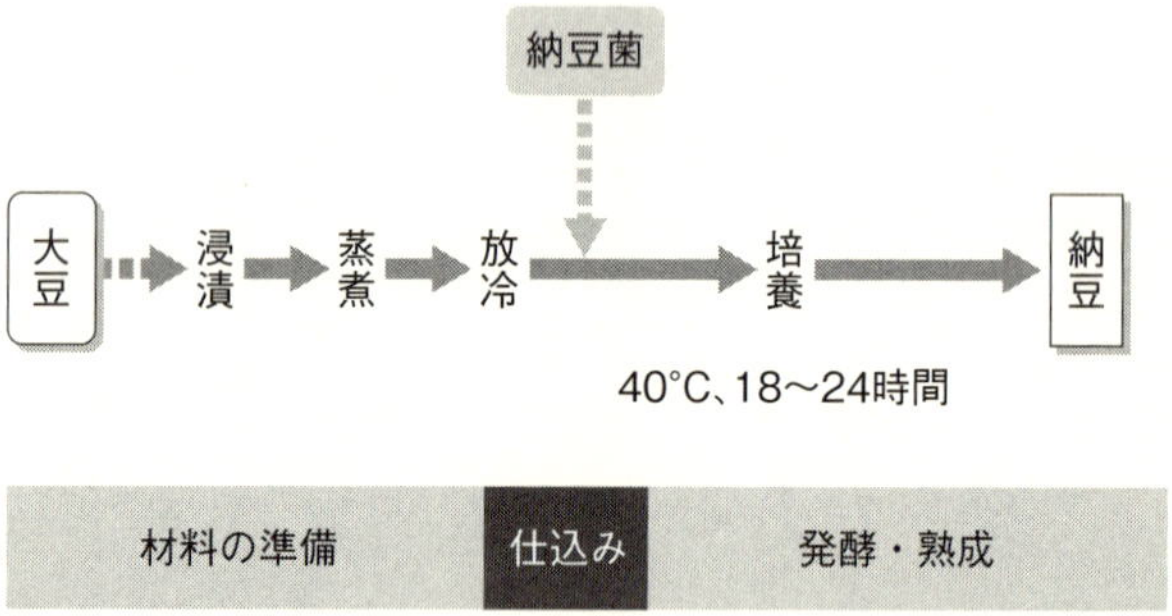

図4.2　**納豆の作り方**

藁に蒸した大豆を包むことにより納豆が生まれたのも道理である。

納豆の製法

糸引き納豆の大豆は関東以北では直径5ミリメートル以下の小粒大豆が多いが、関西では大粒大豆が好まれる傾向にある。原料の大豆を洗浄し、水に漬けて（浸漬《しんし》という）大豆の重量が約2倍になるまで吸水させる。加圧蒸煮《じょうしゃ》器を用いて約1時間蒸煮（蒸し煮）し、放冷してから培養した納豆菌の胞子を均一に散布してプラスチックの容器に盛る。通気のために孔を数ヵ所開けたポリエチレンのフィルムを被せ、約40℃で18時間から24時間発酵させた後、一昼夜10℃以下に保つことにより熟成させて製品となる。発酵初期は高湿度（80％以上）に保って納豆菌の生育を促進し、後期には湿度を低く（40％程度）して粘りが強くなるように調整する（図4・2）。

市販の納豆には生きた納豆菌が含まれているので、これを種にして家庭で納豆を作ることも可能である。原理的には蒸した大豆に種の納豆を混ぜて保温すれば良いのだが、納豆菌の生育には大量の酸素が必要なので、通気に留意する必要がある。通気が不十分だと蒸し豆のまま納豆にならず、湿度が低すぎると納豆になる前に乾燥してしまう。時間が長すぎると発酵が進みすぎてアンモニア臭が発生し、場合によっては納豆菌が雑菌に負けて腐敗してしまう。蒸した大豆は雑菌が混入しやすいため、衛生面の管理には十分に留意しなくてはならないので難易度が高い。当然のことながら、自家製の納豆の品質と安全性は自己責任である。

ネバネバ成分の正体

納豆の特徴と言えば、なんといっても粘性の強い糸引き成分である。納豆の糸引き成分の主成分はγ《ガンマ》-ポリグルタミン酸であり、これにフルクトース（果糖）の重合体が絡みついている。

グルタミン酸はアミノ酸のひとつであり、分子内に2個のカルボキシル基を持つのが特徴である。アミノ基がついている炭素原子をα《アルファ》炭素といい、タンパク質を構成するグルタミン酸はすべてα炭素についているカルボキシル基が、隣接するアミノ酸のアミノ基と結合している。α炭素の隣の炭素原子をβ《ベータ》炭素、次をγ炭素といい、納豆の糸引き成分はγ炭素についているほうのカルボキシル基が、隣接するグルタミン酸のアミノ基と結合しているため、γ-ポリグルタミン酸とよばれる。熟成した納豆では数千個のグルタミン酸が連結して長大な線維状の高分子を形成するため、長く糸を引く粘性を示す。

納豆菌はなぜこのような糸引き成分を作るのだろうか。納豆菌は数が少ない間は糸引き成分を作らないが、菌体の密度が上昇すると糸引き成分を作り始めることが知られている。さらに、周囲の栄養分が枯渇すると、糸引き成分の分解が始まることも観察されている。

これより、納豆菌はその数が増えて将来の〝食糧難〟が予想されると、大豆のタンパク質を分解して得られる栄養分を取り込めるだけ取り込み、栄養貯蔵物質としてγ-ポリグルタミン酸に変換していると考えられる。γ-ポリグルタミン酸は他の微生物には分解しにくく横取りされる心配が少ない。さらに、γ-ポリグルタミン酸には保湿性があるので、乾燥した環境から納豆菌が身を守る役にも立っている。栄養分が枯渇すると、溜め込んだγ-ポリグルタミン酸を分解して自らの栄養源として利用する。微生物の生存戦略としては洗練されていると思われるが、納豆を賞味する人間に横取りされているところが納豆菌にとっては残念であろう。

	水分	タンパク質	脂質	炭水化物	V_{B1}	V_{B2}	V_{B6}	ナイアシン	V_K
蒸し大豆	57.4	16.6	9.8	13.8	0.15	0.1	0.18	0.9	11
糸引き納豆	59.5	16.5	10.0	12.1	0.07	0.56	0.24	1.1	600

表4.1　**納豆の栄養価**

Vはビタミンの略。水分、タンパク質、脂質、炭水化物は重量%、ビタミン類は100gあたりの含有量（mg）、ただしV_Kはμg（文部科学省「日本食品標準成分表　2015年版」より）。

納豆は栄養価が高い食品と考えられている。原料は蒸した大豆なので、蒸し大豆と納豆の成分を比較すると、タンパク質・脂質・炭水化物など主要栄養素の含有量はほとんど差がない。しかし、分解しにくい大豆のタンパク質が納豆菌により消化しやすく分解されているので、数値には表れないが栄養価としては大幅に改善している（表4・1）。

さらに、納豆菌はさまざまなビタミンを生産することが知られていて、大豆に比べて納豆はビタミンB_2、ビタミンB_6、ナイアシンなどは1.2倍から5倍程度に上昇し、ビタミンKについては50倍以上増加している。ビタミンKは血液の凝固に関与することから欠乏すると出血傾向となり、骨粗鬆症や動脈硬化にも関与すると考えられている。ビタミンの補給を考えると納豆はすばらしい食品といえるだろう。

脳梗塞や心筋梗塞を防ぐため血栓の形成を防止する抗凝血薬としてワーファリンを処方されている人は、納豆を食べないようにと医師から指導されていることだろう。ワーファリンは、血液凝固因子プロトロンビンの生成に必要なビタミンKの機能を阻害することにより血栓の形成を防止する。したがって大量のビタミンKを摂取すると効き目が悪くなるのである。一方、血栓の形成は複雑な過程を経て制御されているので、健常な人はビタミンKを大量に摂取したからといって、ただちに血栓ができやすくなるわけではない。血栓の心配などせず、安心して納豆を食べてよいだろう。

納豆には、納豆菌が作るナットウキナーゼとよばれる血栓溶解作用をもつ酵素が含まれている。動物実験ではナットウキナーゼの経口投与により血栓が溶解したという報告があり、これより納豆は血栓防止に効果があると主張する人もいるが、この点は十分に検証されていない。血栓防止効果を発揮するためにはナットウキナーゼが血管内に入らなければならないが、酵素はタンパク質なので、そのままの形で消化管から吸収されるとは考えにくい。分子量が小さいビタミン類は直接消化管から吸収されて効果を発揮するが、巨大分子であるタンパク質は普通は消化管の中でバラバラに分解されてしまう。

I型糖尿病の患者の中には、自分でインシュリンを注射するように指導されている人がいる。注射は痛いし非常に気を遣うことから、インシュリンの飲み薬があればどんなに良いかと思うことだろう。残念ながら、インシュリンはタンパク質なので経口摂取では分解されて血中まで届かない。タンパク質製剤は注射しなければならないのは、こういう理由である。同様の理由で、ナットウキナーゼがまったく無効と決まったわけではないが、納豆に血栓防止効果まで求めるのは少々欲張りすぎと思われる。

納豆の隠れた有効成分は食物繊維であり、納豆100グラムあたり5〜6グラムの食物繊維が含まれている。食物繊維とは、食物に含まれていてヒトの消化酵素では分解されない難消化性成分の総称であり、植物の細胞壁を構成するセルロースなどが主成分である。

そもそも消化できない成分なのだから栄養分になるわけでもなく、腸の内容物を増やしているだけのように見える。じつは、食物繊維はその点こそが重要である。大腸はある程度の内容物がないと十分に働かないため、あまりに消化の良い物だけを摂取していると大腸の動きが鈍くなり、便秘、肥満、糖尿病などさまざまな症状を引き起こす。食物繊維は大腸の蠕動《ぜんどう》運動を促進する効果があることから、特定保健用食品の有効成分として認められている。食物繊維は、成人男性で1日19グラム以上、成人女性で1日17グラム以上の摂取が推奨され、健康の証とされる「快食快便」に役立つ。

藁苞《わらづと》納豆

発酵食品は雑菌の混入を最小限にすることが重要である。日本古来の伝統的な納豆は、納豆菌

図4.3　藁苞納豆

が大量に生息する稲藁を用いる藁苞納豆である。乾燥させた稲藁を熱湯に浸して雑菌を死滅させ、蒸煮した大豆を熱いうちに詰め込む。すると、耐熱性の高い納豆菌の胞子だけが生き残るので、40℃で一昼夜保温することにより、納豆菌が繁殖して納豆ができあがる。藁は通気の確保に好都合であり、良質の納豆を育む（図4・3）。

藁苞納豆を作るための藁は、無農薬栽培の稲を手作業で丁寧に刈り取り、稲木に架けて天日干ししたものでなければならない。このような手間の掛かる作業を行う農家は非常に限られており、藁苞納豆に使える藁の入手が困難な状況になっている。日本の伝統が失われてゆくようで寂しい限りである。

藁苞納豆は納豆の匂いの他にかすかに稲藁の香りがただよい、ちょっと複雑でどこか懐かしい味がする。

納豆の匂いと納豆菌の育種

糸引きと並ぶ納豆の特徴は匂いである。筆者のように、素朴な納豆の匂いが食欲をそそると思う人は多いが、この匂いのために納豆が苦手な人もまた多い。納豆の主要な匂い成分としてしばしば紹介されるテトラメチルピラジンは、焼いたナッツやチョコレートのような香ばしい匂いの化合物である。安全性が高く、食品中に天然に存在することから、欧米では焼き菓子、アイスクリーム、肉製品などの香料として広く使用され、日本でも２００４年に食品添加物として認可されている。納豆の匂いは納豆菌が生産する数十種類の匂い成分が混合したものであり、解析と制御は容易ではない。

納豆の匂いの中でとくに嫌われるのはアンモニア臭であり、納豆が古くなるとアミノ酸が分解されて発生することが多い。アンモニア臭の低減には、過剰な発酵を抑える工程管理がポイントとなる。

その他に、ピラジン類、ジアセチル、イソ酪酸などの短鎖脂肪酸が納豆の匂い成分として知られている。納豆が嫌いな人を少なくするため、匂いの少ない納豆の開発は納豆業界の一貫した課題である。納豆菌は、「納豆博士」とよばれた北海道帝国大学の半澤洵《じゅん》教授が大正時代に純粋培養による種菌の生産技術を確立し、宮城野納豆製造所の三浦二郎氏とともに普及に尽力した。従来の稲藁を用いた自然発酵よりも、純粋培養の「宮城野菌」を用いるほうが衛生的であるとして全国に広まった。その後も匂いが少なく味の良い納豆を作る納豆菌が辛抱強く選抜・育種されて受け継がれ、現在もほとんどの納豆メーカーは「宮城野菌」の流れを汲む種菌メーカーから優秀な種菌を購入して使用している。

納豆の食べ方

日本全国で納豆は年間約25万トン生産されており、1パック50グラムとすると、日本人は平均して1人当たり年間に40パックの納豆を食べている計算となる。

納豆菌を種菌メーカーから購入するため、糸引き納豆の品質は全国でほぼ均質であり、商品の差別化は原料の大豆によるところが大きい。その結果、丸大豆、大粒、小粒、極小粒、ひき割り、国産、有機、黒豆などを看板とした個性的な納豆が各地で生産され、さまざまな味わいの納豆を楽しむことができる。

「納豆」「納豆汁」は冬の季語であり、俳句の世界では納豆は冬の食べ物となっている。一方、「なっとう」の語呂合わせより7月10日は納豆の日とされ、茨城県などで納豆祭りが開催されている。

　納豆は保存食品というイメージがあるが、繊細な発酵食品であることから賞味期限は1週間程度に指定されていることが多い。賞味期限には安全係数が見込まれているので多少過ぎたところでただちに問題となるわけではないが、納豆が古くなると糸引きが弱くなることに気がついている読者は多いだろう。だが、そこで捨ててしまうのは早計である。これは糸引き成分のγ-ポリグルタミン酸の分解が始まっているためだが、これにより旨味成分のグルタミン酸が生成している。納豆は賞味期限ギリギリが美味しいと言われるのにはこのような根拠がある。納豆に限らず発酵食品というものは、いずれも十分に熟成したものが美味しい。一方、古くなってアンモニア臭を発するようになった納豆は、タンパク質の分解が進みすぎて腐敗が始まっていると考えられるので、即座に廃棄したほうがよい。

　納豆の食べ方の基本は、なんといってもホカホカの白飯にかける納豆ご飯であろう。納豆の粒と米粒が口中で混ざり合う絶妙なハーモニーの食感を楽しむことができる。この醍醐味《だいごみ》はパンやパスタに納豆をかけても味わうことはできない。

　このとき、どのくらいかき回すかは人によってこだわりがあるだろう。納豆は十分に空気を含ませて、ふんわりした食感で食べるのが美味しい。先にたれや醤油などを加えてしまうと水分が多くなって粘りが不足しがちなので、納豆を最低でも50回くらいは気合いを入れてかき回し、それから薬味やたれなどを加えることをお勧めしたい。

納豆好きの中には、納豆を親の敵《かたき》でもあるかのような勢いで数百回もかき回す人がいる。そこまでやっても糸引き成分の粘度には限度があるので、労力に比例してふんわりとはならない。また、かき回すことにより糸引き成分が部分的に分解し、旨味成分のグルタミン酸が遊離して美味しくなるという説もあるが、原理的には人間が感知できるほどの差は生じないと考えられる。しかし、納豆はかき回すほど美味しくなるという主張について、筆者は無意味とは思わない。「美味しくなあれ」と念じて納豆をかき回す期待と思い入れに加えて、空腹という最高の調味料が添加されているのだから、その納豆は何にも増して美味しいことだろう。

納豆には醬油やたれの他にネギや辛子を加えることが多い。これには納豆のアンモニア臭などを消す効果がある。さらに、ウズラの卵や鶏卵を加えたり、削り節、海苔、ミョウガ、大根おろし、オクラなどの具を加えることにより、さらに納豆ご飯のバリエーションが広がる。

味噌汁に納豆を加えた納豆汁は東北地方の郷土料理であり、素朴ながら寒い季節には身も心も暖めてくれる。納豆を天日干しにした干し納豆は茨城県の郷土料理であり、お茶請けになる保存食である。納豆を酢飯と海苔で巻いた納豆巻きは寿司ネタのひとつであり、味の強いひき割り納豆が使われることが多い。

そのほか、おぼろ納豆、揚げ納豆、塩納豆、納豆和え、スタミナ納豆など、日本各地でさまざまな方法で納豆が食されている。さらに、納豆を蕎麦、うどん、チャーハン、和風のパスタ、お好み焼きなどにトッピングや具として加えた料理が数え切れないほど存在する。納豆は比較的癖の強い食品であり、食材との相性はやさしくはないと思われるが、それでも納豆を用いたレシピが次々に工夫されている。これこそ納豆が日本人に心から愛されている証拠であろう。

塩辛納豆

中国の伝統食品である豆豉の流れを汲む塩辛納豆は、じつは発酵過程に納豆菌が使われていない。塩辛納豆の製造工程では、まず大豆や黒豆を蒸煮し、筵《むしろ》に広げて放冷する。麦を煎《い》って粉にした香煎《こうせん》をまぶし、筵で包んでおくと乳酸菌が繁殖してpHが低下するので、そこで麹菌（A・オリゼー）を植菌して大豆麹を作る。これを天日で乾燥し、20%程度の食塩水を加えて重石《おもし》をした樽で数ヵ月間熟成させる。熟成中のもろみの中で耐塩性酵母Z・ルキシーと好塩性乳酸菌T・ハロフィルスが生育し、大豆のタンパク質をゆっくりと分解して旨味を引き出していく。

大徳寺納豆の場合は、熟成の後期には天日と風をあてて乾燥し、製品とする。寺では前回の仕込みに用いた筵を天日乾燥して、棲み着いている麹菌を次回の仕込みに用いる。最初に乳酸菌を繁殖させることにより、pHを低下させて雑菌の混入を防ぎ、もろみの一部を保存して良質の乳酸

図4.4　**大徳寺納豆**

菌と酵母を確保するなど、現代の微生物学の観点から見ても非常に合理的な工程である。

塩辛納豆は納豆菌を使わず、麹菌を用いる点と塩水で仕込む点で、納豆よりも味噌に近い。働いている微生物も耐塩性の乳酸菌と酵母であり、糸引き納豆とは似ても似つかない。なのに、なぜ塩辛納豆も納豆とよばれるのだろうか。

納豆の語源については、古くから納豆が作られていた寺院では、僧侶が出納事務を行う「納所《なっしょ》」で豆を加工して桶や壺に納めて貯蔵したことから、このようによばれるようになったという説が有力である。感覚的には、大豆の原型を留めているものが「納豆」であり、ペースト状になっているものが「味噌」とよばれる。

塩辛納豆の代表格である大徳寺納豆は保存性が高く滋養に富んでいる（図4・4）。塩辛く濃厚な味わいなので、修行僧が塩分とタンパク質の補給のために白飯にか

図4.5　テンペ

けて食していた。米飯によく合うので、白飯やお粥に加えたりお茶漬けにすると、飯がいくらでも進む。ビールや日本酒のつまみとしても絶品である。また、味噌汁や炒め物、和え物に少量加えると絶好の味のアクセントとなる。

テンペ

東南アジア各国にはさまざまな発酵大豆食品があるが、中でもテンペは日本でもしばしば目にする（図4・5）。テンペはインドネシアの伝統的な無塩発酵食品で、表面が白いカビでびっしり覆われた大豆粒の塊である。ジャワ島などではバナナの葉に包まれたテンペが市場で山積みにされている。

洗浄した大豆を10分程度水煮し、流水中で攪拌して種皮を除く。一晩水に浸し、食酢を加えてpH４程度に整える。次に約1時間水煮し、放冷してから種菌のラギーテンペを振り撒く。種菌としてのテンペ菌は、クモノスカビの一種リゾプス・オリゴスポラスが用いられる。表面を乾燥させてからバナナの葉や孔を開けたビニール袋に詰めて30℃程度に保つと、2日程度で白い菌糸がびっしり伸長して大豆を覆いテンペができあがる。衛生的な環境で容器に入れて37℃に保てば一昼夜程度で完成する。熟成が進みすぎるとアンモニア臭を発するようになるので、早めに食べるか冷蔵保存する必要がある。

テンペは大豆のタンパク質が適度に分解されているため非常に消化が良く、正味タンパク質利用効率は動物性タンパク質に近い。さらに、テンペ菌の強いリパーゼ活性により、大豆に含まれる油脂の約30%が分解され、リノール酸やリノレイン酸などの不飽和脂肪酸が大量に遊離している。これらの不飽和脂肪酸は、高血圧や動脈硬化の予防に効果があるとされる。さらに、強い抗酸化作用を有するイソフラボンおよびトコフェロールが含まれているため、酸化防止の効果を有している。必ずしも豊かでないインドネシアの住民にとって、貴重な高栄養食品である。

テンペは無塩であるため味が淡泊で、生のまま直接食べることはあまりない。1〜2センチメートルの厚さに切って塩で味付けをし、椰子油で揚げて食べるのが一般的である。さまざまな料理の加工素材として調理され、香辛料やたれをつけて、米飯の副食物として賞味されている。

臭い食べ物の話

発酵食品といえば独特の風味と味わいが特徴だが、慣れないと匂いがきつくて食べにくいものも多い。とくに魚類の発酵食品には、思わず顔を背けるほど強烈な匂いを発するものがある。子供の頃から食べ慣れていれば、そういった臭さも気にならなくなるものだが、初めての人にはハードルが高い食品も数多い。

音や光のような物理的因子は機器により精密に測定することができるが、匂いや味のような化学物質は定量が難しい。辛味のように特定の化学物質に起因するものはある程度正確に定量できるが、多くの化学物質が混在する匂いを機器測定するのは原理的に無理がある。

「アラバスター（Alabaster）」とよばれる香り濃度測定装置を用いた、世界臭い食べ物ランキングが公表されている。このような装置は原理的に芳香と悪臭を区別することはできず、揮発性の強い臭い物質の数値が高く出る傾向がある。しかし、筆者のつたない経験から、このランキングはおおむね妥当と思われるので、上位の発酵食品をいくつか紹介しよう（表4・2）。

大豆と麦から造られる醤油は香ばしい匂いがするが、魚醤はもっと生臭い匂いがする。ベトナム伝統の麺料理といえばフォーだが、味付けに使われる魚醤の匂いを消すための香草が欠かせな

開缶直後のシュール・ストレミング	8,070 Au
ホンオ・フェ（韓国のエイ料理）	6,230 Au
エピキュアチーズ（缶詰チーズ）	1,870 Au
キビヤック（海燕の発酵食品）	1,370 Au
焼きたてのくさや	1,267 Au
鮒鮓	486 Au
納豆	452 Au
焼く前のくさや	447 Au
中国の臭豆腐	420 Au
ニョクマム（魚醬）	390 Au

表4.2　**臭い食品ランキング**
香り濃度測定装置「Alabaster」による。単位のAuは装置独自の単位Alabaster Unitの略。

い。

　中国には臭豆腐というものがある。野菜の汁と石灰などを混合した漬け汁に豆腐を漬け込んで作るが、酪酸菌などが繁殖して豆腐のタンパク質を分解するため、強烈な刺激臭を発する。

　一般に市販されている納豆では表のこの数値は出ないと思われるが、昔の納豆はかなり強い匂いを発するものであった。この匂いのため、とくに関西出身の人には納豆が苦手な人が多かった。すでに触れたように、誰もが抵抗なく食べられる納豆を開発するため、生産業者はたいへんな手間と時間を費やして匂いの少ない納豆菌を選抜し、育種してきた歴史がある。伝統的な発酵食品といえども、日々進化している好例である。

　生魚に塩を振り、米飯と交互に積み重ねて樽などで発酵させたものが馴れ鮓である。乳酸菌の繁殖によりツンと鼻を突く酸の匂いがする。サンマやアジなどさまざまな魚が馴れ鮓の原料となるが、とくに有名なのが滋賀地方の鮒鮓である。風味豊かだが、酸っぱくて生臭いので、経験者でも苦手な人は多いだろう。

日本国内で最も臭い食べ物はくさやだろう。新鮮なムロアジやトビウオなどを、秘伝のくさや液に数時間漬けて天日干しにした干物がくさやであり、主として伊豆諸島で生産される。くさや液は塩水に魚の内臓などを入れて発酵させたもので、古いほど味が良いとされ、何十年も大事に受け継がれる。くさや液中ではタンパク質は完全にアミノ酸に分解され、さらにアミンなどの揮発性塩基となっているので肥だめのような悪臭がする。そのため、くさやは匂いが漏れないように真空パックなどにして出荷される。

くさやは焼いて食べるが、焼くときに猛烈な匂いを発する。集合住宅であれば退去勧告されても文句は言えないレベルの匂いである。しかし、匂いに耐えて口に運ぶことができれば、味わい豊かでたいへん美味である。焼いたことにより生臭さが解消し、深みのある味が口の中に拡がる。くさやを食べないと元気が出ないという熱狂的なファンが大勢いるのも頷ける。

キビヤックは極北カナダに住むイヌイットの伝統食品である。アザラシの腹の中にウミツバメを数十羽詰め、土に埋めて数年間発酵させて作る。アザラシの脂肪とともに発酵したウミツバメの体液を啜るという、想像するのも恐ろしいほどグロテスクな食べ物であるが、犬ぞりで北極点を踏破した冒険家の植村直己氏はキビヤックが好物であったと伝えられる。幸か不幸か筆者はお目に掛かったことがないが、たとえ機会に恵まれても口にする勇気が出ないと思う。

エピキュアチーズはニュージーランドの缶詰チーズである。そもそもチーズには熟成過程で定期的に塩水やワインを吹き付けて作るウォッシュタイプとよばれるものがある。水分が補給されるため、さまざまな菌類が繁殖してチーズのタンパク質を分解することにより豊かな味わいが生じ、赤ワインと相性が良いとされる。リヴァロなどが代表格であるが、強烈に臭い。フランス料理のコースでは、メインディッシュが終わるとデザートの前にワゴンでチーズが運ばれてくるが、筆者のような慣れない人間にはせっかくの料理を吐き戻しそうになるほど強い匂いである。エピキュアチーズは缶詰の中で数年間にわたって発酵が進み、乳酸菌などのために酸味を帯びた凄みさえ感じられる匂いを発する。

ホンオ・フェは魚のエイの切り身を壺で発酵させた韓国の伝統食品であり、結婚式などでは縁起物として出される。鼻を殴られたかと思うほど強烈なアンモニア臭と、コリコリした歯ごたえが特徴的である。やや甘いマッコリと相性が良く、マッコリと一緒に飲み下すと何とかいけるが、口の中がただれるほどアンモニアが強いため、涙を流しながら二切れくらい口にするのが精一杯であった。好奇心旺盛な筆者のために高価なホンオ・フェを用意してくれた韓国の研究者仲間に感謝したい。

図4.6　世界一臭いシュール・ストレミングの缶詰
写真のものは熟成が浅く、まだニシンが原形を留めている。

世界ランク1位に輝く臭い食べ物は、スウェーデンの塩水漬けニシンの缶詰シュール・ストレミングである（図4・6）。缶の中で発酵が進むので、熟成が進んだものは発生したガスのため缶が膨張して破裂寸前の状態になっている。もう少し塩を多くすればここまで発酵は進まないはずだが、日照の少ないスウェーデンでは塩が貴重で節約する必要があったとされる。

開缶するとガス圧のため汁が勢いよく吹き出す。缶には「屋内で開缶しないこと」「風下に人がいないことを確かめてから開缶すること」「捨ててもよい衣服を着て開缶すること」などの注意書きがある。暴力的な刺激臭であり、バラエティ番組などで不運な芸人がこの匂いに悶《もだ》える姿が時折放映されるが、本当に卒倒するくらいの腐臭である。誤って屋内で開缶したら家屋を放棄して引っ越す羽目に陥るだろう。あまり熟成が進んでいない缶について筆者もどうにか一切れ口にしてみたが、塩辛くて生臭く美味とは言いかねる味わいであった。

日本では食品衛生法の規定により缶詰は加熱滅菌が義務づけられているため、シュール・ストレミングは輸入販売できない。スウェーデンを訪れたときに密かに持ち帰るしかないが、万一飛行機の中で缶が爆発したら非常に厄介なことになるためお勧めできない。

なぜスウェーデンではこのような発酵食品が生まれたのだろう。彼らはヴァイキングの子孫である。中世ヨーロッパでヴァイキングたちは、たくさん獲れるニシンを樽詰めにして食料とし、北海、バルト海から地中海まで交易と略奪の航海に乗り出して行った。塩が足りないために樽の魚が猛烈な腐臭を放つようになっても、食べられることに気がついたのだろう。現代のスウェーデンの人々はシュール・ストレミングの強烈な臭気から、樽からドロドロに溶けかけたニシンを貪りながら海を渡った勇猛な祖先たちの心意気を感じ取っているのではないだろうか。

悪臭化合物

悪臭を放つ発酵食品の共通点は、空気を遮断された環境で魚などのタンパク質を長期間発酵させて作られることである。アミノ酸の連鎖であるタンパク質は、微生物が産生する酵素により分断されてペプチドとなり、さらに個々のアミノ酸にまで分解される。発酵がここで収まれば悪臭は発生しない。

さらに発酵が進んでも、空気が供給される条件ならば発酵の化学反応は完全燃焼となり、アミノ酸の成分である炭素は二酸化炭素へ、水素は水へと変換され、窒素は硝酸を経て最終的には窒素ガスとなって大気中に拡散する。この場合もそれほどの悪臭は発生しない。

一方、空気が遮断された環境では、発酵の化学反応は不完全燃焼になり、悪臭物質が発生する。デンプンなどの炭水化物の場合は炭素と水素と酸素の化合物が生成し、酸っぱい臭いが発生する。中でも酪酸は、饐《す》えた汗の臭いとか履き古した靴下の臭いと表現される悪臭を発する。

アミノ酸が分解されるとアミンとよばれる一群の窒素化合物が生成するが、これには耐えがたいほど臭いものが多い。魚屋や漁港に漂う魚臭さやじっとりと漂う生臭さは、ジメチルアミンやトリメチルアミンのためである。腐敗が進むと、タンパク質に含まれる硫黄が腐った卵の臭いと表現される硫化水素となって悪臭に彩りを添える。同時に発生するアンモニアは、ツンと鼻を突く刺激臭がする。悪臭アミンの両横綱であるインドールはおならの臭いの元であり、スカトールはその名称から想像できるとおり強烈な糞便臭を放つ。美味しいと分かっていても、慣れない人には糞便臭が漂う食品ほど生理的に受け入れ難いものはないだろう。

意外なことに、非常に低濃度のインドールは花のような香りであり、オレンジやジャスミンの花の香りの成分に含まれる。合成されたインドールやスカトールは、実際に香水や香料の成分としても使用されている。このように、匂いとは一筋縄ではいかないものである。

じつは、100兆個もの腸内細菌がひしめくヒトの大腸の中は酸素がほとんど使い切られているため、各種のアミンが大量発生している。アミン化合物の中には弱いながら毒性を持つものが多く、発がん性が疑われる物質も含まれる。そのため、腸内に長時間内容物を留めておくことは生理的に危険をともなう。哺乳動物、とくに肉食動物は腸が短く、かなりの栄養分を残したまま排泄せざるを得ない理由はこのへんにもあるのだろう。

味噌

味噌の歴史と分類

日本人なら誰でも、一杯の味噌汁と醤油味の煮付けとともに掻き込む白飯の食卓に心がほんのりする幸せを感じることだろう。じつは、醤油と味噌は見た目こそ大きく異なるが、原料も使用される微生物もほとんど共通している。醤油の語源とされる塩漬け発酵食品である醤（ひしお）

に対し、未だ醤になっていない「みしょう（未醤）」がなまって「みそ（味噌）」とよばれるようになったと考えられている。

現在の味噌は麦や米などの穀物に麹菌を生育させ、蒸した大豆と塩を加えて発酵させて造る日本の伝統的な発酵食品である。醤油と味噌は大豆（ソイビーン）の加工食品であることから、英語では醤油は「ソイ・ソース」、味噌は「ソイビーン・ペースト」と訳されるが、味噌についでは「ミソ（miso）」が海外でも通用する。

大豆などの豆類を原料とするペースト状の発酵調味料は、東アジアおよび東南アジアの各国で製造され、中国の豆板醤《トウバンジャン》や韓国のコチュジャンなどは日本でもよく知られているが、麹菌を生育させた穀物と大豆を塩で仕込むタイプの味噌は日本独自のものである。古来より味噌は質素な日本の食生活の中で貴重なタンパク源であり、江戸時代までは調味料というより副食（おかず）の扱いであった。現在でも副食物として十分通用する「ねぎ味噌」「金山寺味噌」「朴葉《ほおば》味噌」などの味噌加工品が各地で生産されている。

最後に圧搾の工程が必要な醤油とは違って、味噌は比較的手軽に造ることができるため、「味噌買う家は蔵が建たぬ」ということわざがあるくらい一般家庭で普通に造られていた。歳時記によると「味噌造る」「味噌搗《みそつき》」「味噌焚き」などが冬の季語とされており、味噌造りは冬の風物詩である。家族総出で丹精込めて造った味噌の美味しさを自慢したくなるのは人の常。「手前味噌」という言葉もそこから来ているのであろう。さらに味噌を使って造る「柚味噌」は晩秋の季語、「味噌雑炊」「味噌雑煮」はそれぞれ冬と新年の季語である。古くから味噌が日本人の生活に溶け込んできた証拠である。

醤油の製造業者には大メーカーが多いのに比べて、味噌は全国各地に大小の製造業者が存在し、地方により原料、色調、甘辛に特徴を持つさまざまな味噌が造られている。消費者庁の告示「みそ品質表示基準」（最終改正平成23年）により、「味噌」とは米、麦等に麹菌を培養したものに蒸煮した大豆と食塩を混合し、発酵熟成したもので半固体状のものと定められている。さらに、砂糖類、鰹節などの風味原料、昆布等の粉末などを加えたものも「味噌」として認められる。また、「味噌」は主材料により次の4つに分類されている。

①米味噌　蒸した米に麹菌を培養した米麹に蒸煮大豆と食塩を混合したもの
②麦味噌　蒸した大麦または裸麦に麹菌を培養した麦麹に蒸煮大豆と食塩を混合したもの
③豆味噌　蒸煮した大豆に麹菌を培養し食塩を混合したもの
④調合味噌　米味噌、麦味噌、豆味噌を混合したもの

全国では米味噌が約80％で、農林水産省の食品産業動態調査によると２０１５年の味噌の生産

量は46万2000トンであり、70万トンを超えていた1970年頃から徐々に減少傾向にある。

また、味噌は色調により赤味噌、淡色味噌、白味噌のように分類し、さらに味により甘口味噌、辛口味噌に分けることができる。

　全国的には米味噌が最も一般的であり、黄色を帯びた白色から黄色、赤色とさまざまである。豆味噌は中京地方のみで造られ、ほとんど黒色に近い八丁味噌が代表的な豆味噌である。

味噌の製法

　古来より味噌造りは「一麴、二炊き、三仕込み」と言われ、(1)元気な麴菌を育てること、(2)大豆をふっくらと蒸煮すること、(3)材料をむらなく混合して空気が入らないように仕込むこと、が重要とされている。工業的な味噌造りの工程について解説する(図4・7)。

①原料

　味噌の主要原料である大豆は国産大豆が約1割で、大部分がアメリカ、カナダ、中国などからの輸入に頼っている。大粒で粒の揃った丸大豆が味噌造りには適している。米味噌の原料米は麴にしやすいことが第一条件であり、吸水性が良く蒸しても粘らないことが必要である。インディ

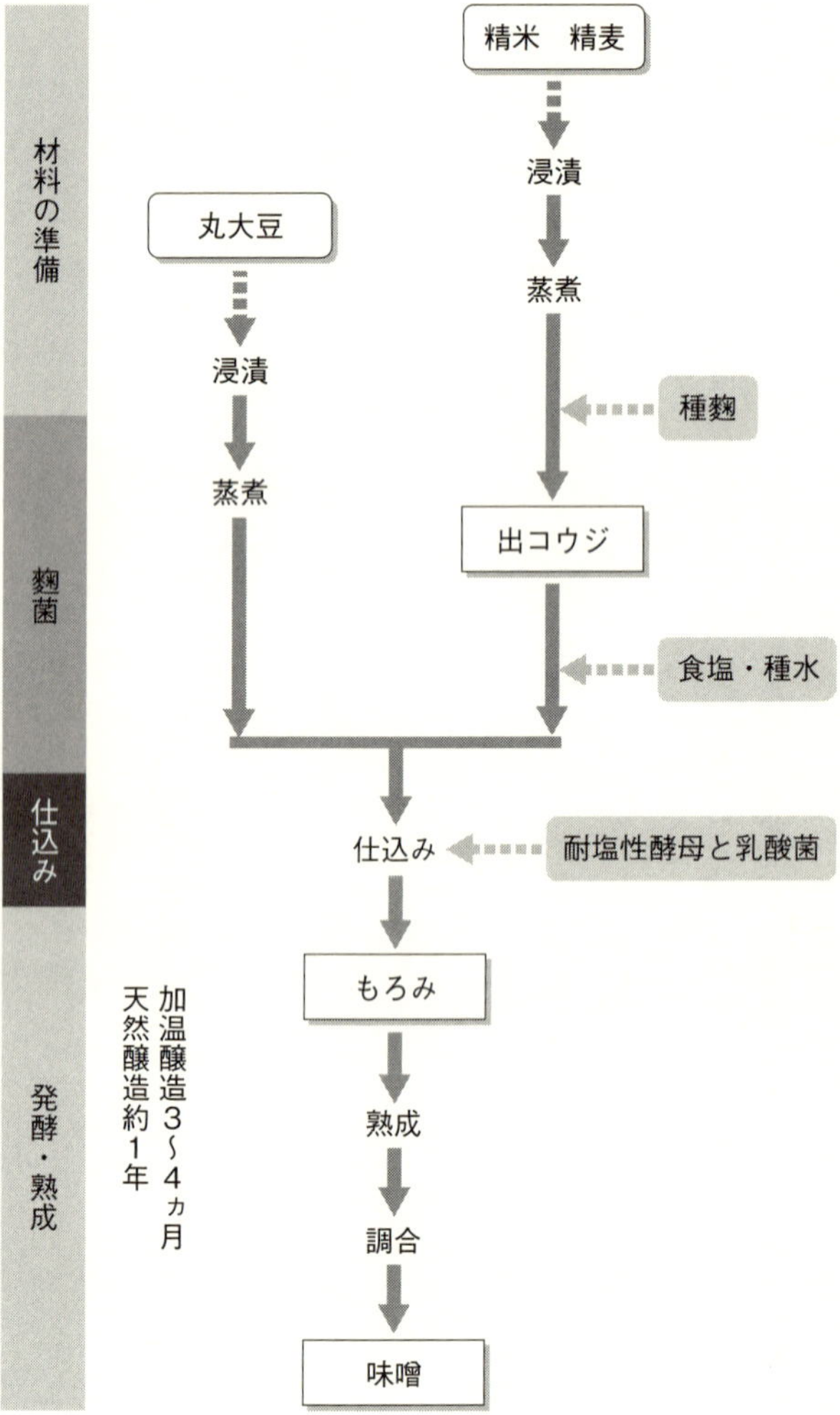

材料の準備
麹菌
仕込み
発酵・熟成
精米　精麦
浸漬
蒸煮
丸大豆
浸漬
蒸煮
種麹
出コウジ
食塩・種水
仕込み
耐塩性酵母と乳酸菌
もろみ
加温醸造3～4ヵ月
天然醸造約1年
熟成
調合
味噌

図4.7　**味噌の製造法**

カ米は、粘らない点は良いが芯まで完全に蒸すのが難しいため、国産の水稲が好適である。米味噌は玄米の約10％を糠として90％程度に精白された白米を用いる。麦味噌では大麦や裸麦が使用される。麦は殻が胚乳に密着しているため、歩留まり70～80％程度に精白して使用する。

②麹造り

精白された米を洗浄して15℃程度で一晩水に浸し、水切りして水分量を30～35％にする。芯が残らないように30～60分間蒸して米に含まれるデンプンを糊化（アルファ化）する。麦の場合も同様に処理するが、米より吸水が早いので浸漬時間を短くし、水切りして蒸煮する。30℃程度に冷却し、麹菌の胞子を散布する。

麹菌は主としてA・オリゼーが使用され、麹屋から購入する場合が多い。味噌造りに使われる麹菌は、米や麦のデンプンを分解するアミラーゼと大豆のタンパク質を分解するプロテアーゼの生産性が重要である。原料に大豆を多く使う赤味噌や辛味噌にはプロテアーゼ高生産株、白味噌や甘味噌にはアミラーゼの高生産株が選択される。麹菌の生育中（40～45時間）に30℃から徐々に品温（麹の温度）が上昇していくので、40℃を超えないように攪拌し通風する。米粒または麦粒の内部に麹菌の菌糸が侵入することを破精《はぜ》込みといい、全面的に破精込みが進行した総破精をめざす。

③大豆の処理

大豆を洗浄し、一晩水に浸して吸水させると重さが2倍以上になるので、水切りをして加圧蒸煮缶で蒸す。白味噌を造るときは蒸す代わりに加圧しながら煮て、大豆の着色成分や糖分を溶出させる。蒸煮した大豆は固さが重要であり、1粒の大豆を秤にのせて押し潰すのに500グラム程度の力を必要とする柔らかさが適切とされる。蒸煮が完了した大豆は素早く冷却し、漉《こ》し網を用いて潰しておく。

④仕込みと熟成

味噌造りの材料となる麹、蒸煮大豆、塩を混合する作業を仕込みという。材料の配合は味噌の種類によりさまざまである。麹の使用量が多いほうが甘口となるので、原料の米と大豆の割合は辛口味噌ならば大豆が等量から約2倍とし、甘口味噌ならば米のほうを多くする。一方、塩は甘口味噌ならば7〜12%、辛口味噌ならば11〜13%程度とする。味噌に含まれる水分に対する対水食塩濃度として20〜22%程度となる。19%以下では雑菌が繁殖する可能性があるので、部分的に塩分が薄いところができないように均一に混合する必要がある。

仕込みと同時に麹菌は死滅し、その後は耐塩性の酵母と乳酸菌がゆっくり繁殖する。仕込みのときに完成した味噌を10％程度種味噌として加えると、種味噌の生息している耐塩性の酵母と乳酸菌が増殖するので品質が安定する。耐塩性酵母Z・ルキシーと、好塩性乳酸菌T・ハロフィルスが代表的である。仕込みに空気が入るとカビが生えやすくなるので、念入りに空気抜きをして嫌気的な環境を確保することが重要である。重石をして天然の温度（天然醸造）ならば約1年、25～30℃に維持する加温醸造ならば3、4ヵ月熟成を待つ。

手作り味噌

近年は良好な麹が市販されていることから、比較的容易に味噌を自作することができる。筆者らが実践した自家製味噌造りでは、大豆を良く洗ってから18時間水に漬けて吸水させた。剝がれてきた皮を除き、大鍋でこまめにアクをすくいながら3時間ほど煮たところ、無事に親指と小指で潰れるくらいの柔らかさに仕上がった。温かいうちに大豆をビニールの袋に入れ、空き瓶で丹念に叩いて潰した。そこに、市販の麹に塩を混ぜたもの（塩きり麹）を加え、良く練って混ぜ合わせていく。

かなりの力仕事であるが、仕込み後は麹菌が生成した酵素と大豆のタンパク質が接触して反応することにより味噌の熟成が進むので手抜きはできない。混ぜ合わせた材料を団子状の味噌玉に

市販の米麹

煮た大豆

味噌玉

1年熟成させた味噌

図4.8　**自家製味噌造り**

して空気抜きし、桶に力を込めて押し込みながら詰めた。空間が生じるとカビが生える可能性が高まるので、キッチリ詰めてラップをかけ、重石と蓋をする。室温に静置して一夏越せばできあがりである。一年熟成させた「手前味噌」はやや塩味が強いが、ほどよくコクのある赤味噌に仕上がっていた（図4・8）。

耐塩性酵母と好塩性乳酸菌

発酵食品には雑菌の繁殖を防ぐために製造中に塩を加えることが多い。実際に醤油などのように15%を超える塩濃度の食品中で生育できる微生物は非常に限られていて、醤油と味噌の熟成中に活動する微生物は、耐塩性酵母Z・ルキシーと好塩性乳酸菌T・ハロフィルスの2種類で共通している。

パン酵母は比較的浸透圧に強い微生物だが、5％程度の塩が存在すると生育が遅くなり、8％食塩存在下ではほとんど生育できない。これに対し、Z・ルキシーは約25％まで生育可能であり、驚異的な耐塩性を誇る。この違いはどこから来るのだろうか。

生物の細胞は、周囲の塩濃度が高くなると浸透圧により水を吸い出されてしまう。高い塩濃度に対応するためには、細胞内に適合溶質とよばれる物質を蓄積して細胞内外の浸透圧を均衡させる必要がある。Z・ルキシーは直径4～8ミクロンのほぼ球形の酵母であり、高塩濃度の環境では細胞内に大量にグリセロールを蓄積する。Z・ルキシーは塩濃度の高い環境を好むわけではなく、塩分がほとんどない環境で最も生育が早いので「耐塩性菌」とよばれる。

一方、T・ハロフィルスは直径0・5～0・8ミクロンと比較的小型の四連球菌であるが、5～10％の塩濃度の環境で良好な生育を示す。このような微生物を「好塩菌」という。

味噌の色とメイラード反応

赤味噌と白味噌は、味わいには大きな違いがないのに色がまったく違う。醤油も濃口《こいくち》、淡口《うすくち》、白醤油と色が濃いものから非常に薄いものがある。米・麦と大豆という共通の原料から製造されるのに、なぜ醤油と味噌はこれほど色が異なるものが存在するのだろうか。

味噌や醤油に色を付ける褐色物質は、加熱や長期熟成中に起こる糖分とアミノ酸のメイラード反応により生成する。メイラード反応は、食品の加工や貯蔵の過程で自然に進行する反応であり、食品の着色・香気成分の生成・抗酸化成分の生成に関与し、食品の品質を大きく左右する。発酵食品の熟成の過程では長い時間をかけてメイラード反応がゆっくり進行し、少しずつ色と風味を増していく。

一方、食品を加熱するとメイラード反応が一挙に進行して、みるみるうちに褐色成分が生成する。タマネギを炒めると飴《あめ》色になるのも、肉を焼くと焦げ目がついて美味しそうな匂いがしてくるのも、小麦粉と赤ワインとバターなどをじっくり煮込むと濃厚なデミグラスソースができあがるのも、メイラード反応のおかげである。

メイラード反応はさまざまな成分が関与する複雑な反応であり、非常に多様な成分が生成するため全容は解明されていない。日常的には、食材の加熱や長期保存により、食材が茶色になり、香ばしい香りが発生し、味にコクと深みが生まれるのはメイラード反応が関与していると考えてよい。発酵食品には多かれ少なかれ糖分とアミノ酸が含まれ、長期間の熟成を行うことから、メイラード反応が起こりやすい条件が整っている。

メイラード反応により生じる褐色色素は、メラノイジンとよばれる。メラノイジンは複雑な構造を持つ化合物の混合物だが、抗酸化作用と活性酸素除去作用を持つことが知られている。酸素は生きていくのに必須な元素であり、酸素を積極的に取り入れるエアロビクスは有酸素運動により代謝を活性化し、心肺機能の改善や冠動脈疾患の予防およびダイエットに効果的である。

一方、身体に取り入れた酸素の代謝の過程で発生する活性酸素は非常に反応性が強く、他の化合物から無理矢理に電子を引き抜くフリーラジカルの一種である。フリーラジカルは生体内の重要な成分を見境なく酸化してしまう凶悪な分子なので、活性酸素が発生すると細胞が障害され、生活習慣病や老化などを引き起こす原因となる。ビタミンCやポリフェノールなどは、フリーラジカルを捕獲して活性酸素を除去する抗酸化物質であり生体の守護神である。メイラード反応により生じるメラノイジンも、抗酸化作用をもつ守護神として機能する。

味噌は色が濃いほどメラノイジンが多く、抗酸化作用に優れるとされている。動物実験でも味噌の摂取による肺がん、胃がん、肝臓がん、大腸がんなどの抑制効果が報告されている。

醤油や味噌の色合いの違いは、熟成の工程とメイラード反応との相性によって決まる。赤味噌の加温醸造では熟成に6ヵ月以上かかる（天然醸造では1～4年）が、白味噌では1～3ヵ月程度で熟成が完了する。さらに、赤味噌では原料の大豆を蒸すが、白味噌では大豆を煮出すことにより糖分を除いてから仕込む。白味噌製造の工程は、アミノ酸と糖分が接触してメイラード反応が起こる機会を減らすことになり、結果として色が薄い味噌ができることになる。

メイラード反応と同様に食品が茶色くなり、香ばしくなる反応にカラメル反応がある。プリンのカラメルソースや茶色のキャラメルは、カラメル反応により生成する。メイラード反応は「糖分」と「アミノ酸」の反応だが、カラメル反応は「糖分」の加熱により起こる点が異なる。

メイラード反応とカラメル反応が同時に起こる食品もある。黒ビールやコーヒーの黒褐色の色合いは、両方の反応の進行により生じたものである。

味噌の栄養価と効能

味噌は大豆のタンパク質がペプチドやアミノ酸に分解されているので消化吸収の効率が良く、栄養価が高い。原料に大豆だけを使用する豆味噌は、米味噌や麦味噌に比較してタンパク質の含有量が多く、炭水化物が少ない。全般として旨味を呈するペプチドやアミノ酸が多く、とくに旨味アミノ酸のグルタミン酸とアスパラギン酸、甘味アミノ酸のグリシンやアラニンが味噌のまろやかな味わいを生み出すため、豆味噌には濃厚で強い旨味が感じられる。

また、味噌は丸大豆を用いるため脂質の含有量が多く、とくに大豆の使用量が多い豆味噌では10％に達する。脂質の多くは大豆由来の抗酸化作用に優れる不飽和脂肪酸であるリノール酸なので保存性が良く、ビタミン類も空気酸化から保護されて残存している。さらに、老化や発がんの原因ともなる活性酸素を体内から除去する健康保健効果も期待できる。

出汁と味噌汁

フランス料理はソースで食べるという言葉がある通り、食材に重層的で多彩なソースを加えることにより新たな味を作り出していく。こうした「足し算」の西洋料理に対して、和食は食材に手を加えず食材の風味を引き出していくことから、「引き算」の料理と表現されることが多い。また、和食では食材の持ち味以上に味付けしない原則から、調理の消極性が指摘されることもあるが、そんなことはない。昆布出汁から旨味調味料を発明した日本では、古来より最高の出汁を生み出す昆布と鰹節が用意されているため、比較的簡単に良好な出汁を得ることができる。和食は食材の風味を損なわないように、旨味をキッチリ「足し算」している。

味噌には大豆由来の旨味成分であるグルタミン酸が多いが、これは鰹節由来の旨味成分であるイノシン酸と相乗効果を示すので、鰹出汁と調和しやすく、少量でも旨味が著しく増大する。また、出汁を使うと味噌の使用量を減らし、ひいては塩分の摂取量を減らすことができる。人間の体液と等張とされる生理食塩水は０・９％の食塩を含んでいるが、味噌汁に限らず各種のスープは1・1%程度の食塩を含むものが多い。1%以下の食塩濃度ではほとんどの人が物足りなく感じてしまうためである。物足りないと満足感が得られないばかりか、スープを飲む量そのものが増えて結局塩分の摂取量が増える結果を招く。ところが適切な出汁を使うと、塩分が0・9~1・0%程度でも十分満足のいく味わいの味噌汁を作ることができる。

味噌はキュウリなどにつけてそのまま食されることもあるが、汁物、和え物、炒め物、鍋料理、煮物など、調味料として用いられるのが普通である。日本全国には味噌を使ったさまざまな郷土料理が存在し、南北に長い日本列島の多様性と文化の担い手にもなっている。

味噌は旨味と塩分の他に、微生物の働きにより生じる酸味と香気成分を含むため、食材にまろやかな美味しさとコクを与える。また、味噌に含まれる脂質の主成分である不飽和脂肪酸、大豆から溶け出したサポニン、イソフラボン、トコフェロール(ビタミンE)、および熟成中にメイラード反応により生じたメラノイジンはいずれも抗酸化作用を有するため、食材が空気に触れて酸化することによる変質や劣化を防ぐ効果がある。さまざまな野菜や肉の味噌漬けが保存食として重宝される理由である。さらに、味噌には魚や獣肉の臭みを消す効果があり、味噌漬けや味噌煮にすることにより生臭さを感じることなく魚や肉を賞味できる。

醤油

調味料の王様

フライパンで炒め物。仕上げに醤油を軽く回しかけると、香ばしい匂いがプンと立ち上って食欲をそそることこの上なし。鍋料理の下味に忍ばせる醤油の旨味。味がほとんどない冷や奴も、醤油をチョンとつけると絶妙の一品に変身する。日本人の遺伝子には醤油の味と香りが刷り込まれている。

醤油は、蒸煮した大豆と麦に麹菌を生育させた麹に濃厚な食塩水を加えて長期間発酵・熟成した発酵調味料であり、日本料理の基本的な調味料である。英語ではソイ・ソースとよばれ、100ヵ国以上に輸出されている日本の味である。肉料理との相性が良いことから、1970年代にアメリカで醤油が広まり、とくにバーベキューの焼き肉のために工夫されたテリヤキソースが大人気となり「teriyaki」という単語が辞書にも載っている。

醤油は、伝統的な製法に現代の発酵技術の磨きがかかり、日本文化とも深い関わりをもっている。夏の終わりに収穫した穀類や豆を使って醤油などの仕込みが行われたことから、歳時記では「醤油造る」は晩夏の季語とされている。

醤油では、大豆に含まれていたタンパク質がほぼ完全にアミノ酸に分解されている。個々のアミノ酸はさまざまな味を持つが、タンパク質の分解によって生じたアミノ酸の混合物には旨味を主体としたコクのある味わいがある。醤油の塩分と麹菌に由来する香気成分のため、料理を引き立てる万能調味料である。

醤油の「醤」という文字は、食物に塩を加えて貯蔵している間に耐塩性の微生物が繁殖し、発酵したものを意味している。東南アジアでは、魚介類を原料とした魚醤《ぎょしょう》が普及し、東アジアでは穀類を原料とした穀醤《こくびしお》が大量に作られている。中国大陸から伝来したと考えられる醤だが、「醤」の文字には「ひしお」という訓読みもあることから、当時の日本にも同様の発酵食品が存在したと思われる。

魚醤

古来よりしばしば飢えに悩まされてきた人類にとって、食料の保存は死活問題であった。塩は海水や岩塩から入手することができたので、余った食料を塩漬けにしておくと、たとえグズグズに溶けて異臭を放っても食べられることに気がついたのだろう。

魚を塩漬けにすると、内臓に多量に含まれている消化酵素が柔らかい魚肉をどんどん分解していくので、魚は非常に「醬」になりやすい。この過程で、消化酵素に含まれるプロテアーゼが、タンパク質をアミノ酸に分解して旨味を生じる。魚醬としては、日本では秋田県の「しょっつる」、石川県の「いしる」が有名であり、東南アジアではタイの「ナンプラー」やベトナムの「ニョクマム」などがよく知られているが、各国でさまざまな魚介類からさまざまな魚醬が造られている。また、魚介類を塩で漬け込んで発酵させる観点から、ペースト状の塩辛も魚醬の一種と考えられる。

魚醬は国により地方により、原料の魚介類、塩加減、発酵の期間、容器、仕上げの手法などが多様であり、製品も塩辛いものや魚臭さが強いものなどバラエティーに富んでいる。

ほぼ共通する製法は、魚やイカなど地元で入手できる魚介類に内臓も含めて塩をまぶし、重石をして樽などで半年から数年間発酵・熟成させる。魚と塩を均一に仕込むために、工程にさまざまな工夫が凝らされている。熟成中に消化酵素により魚が溶けてにじみ出てきた汁を回収し、ろ過や煮沸処理をして出荷される。

仕込むときに魚の内臓を除かないのは、内臓に含まれる消化酵素を利用するためである。発

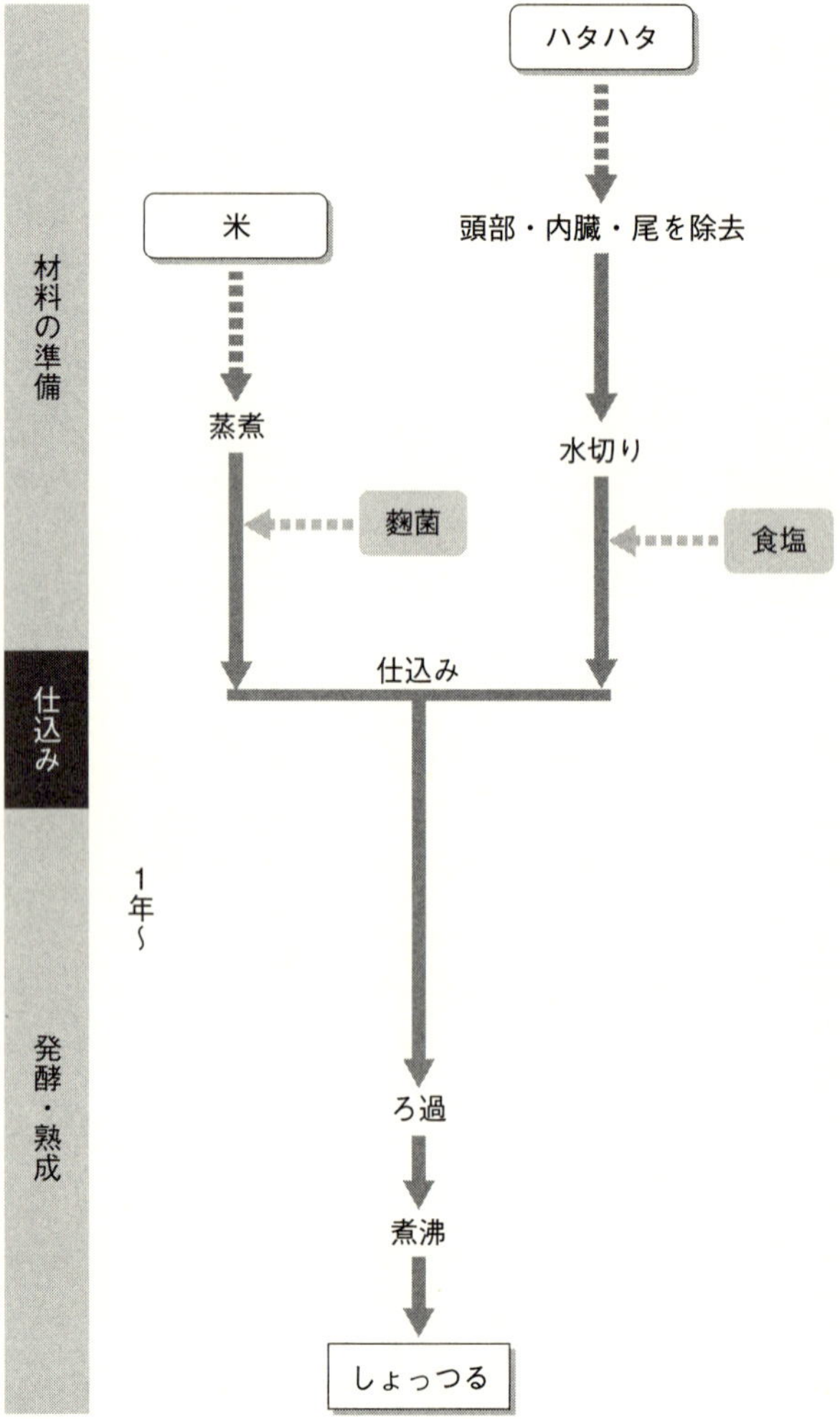

図4.9　**魚醤（しょっつる）の製造法**

酵・熟成過程では、タンパク質を完全にアミノ酸に分解する一方で、有毒物質を生じる腐敗菌の繁殖を可能な限り防止することが重要である。仕込み時に多量の食塩を加えることにより、限定された耐塩性微生物だけがゆっくりと生育する環境にする。魚醬の発酵と熟成に年単位の時間が必要なのはこのためである。

しょっつるは秋田県で作られる伝統的な魚醬であり、主な原料はハタハタだが、アジ、イワシ、サバなども使われる。しょっつるには米麹を加える製法と魚だけで造る製法があるが、より一般的な麹を加える方法を紹介する（図4・9）。

ハタハタの頭部と内臓、尾を除き、洗浄して、魚に対して30～40％程度の食塩と20％程度の麹を混合して桶に入れ、重石をして常温で1年以上漬け込む。発酵が終わると、加熱して沸騰させることにより残ったタンパク質を凝固させ、冷却後に油を除き、発酵汁をろ過して製品とする。麹を加えるのは、タンパク質を分解するプロテアーゼなどの酵素を補給するためである。麹を加えない場合は、魚の内臓を除かずに漬け込み、魚自身の消化酵素を最大限に利用して発酵を促す。

しょっつるは澄んだ琥珀色と独特の香ばしい風味が特徴である。ハタハタと白菜などの野菜と豆腐を入れたしょっつる鍋が有名であるが、ラーメンやうどんの汁などにも用いられる。

いしるは能登半島で生産される魚醬であり、スルメイカの肝臓やイワシなどを原料として、少量の麹や酒粕を加えて約1年間の発酵・熟成を行って製造される。独特の風味を持ち、貝焼きやいしる鍋などに利用される。

タイ語で魚の液体を意味するナンプラーはタイを代表する魚醤であり、イワシ、アンチョビー、アジ、サバなどを原料にして造られる。小型の海産魚は丸ごと、大型の淡水魚はエラや頭部を除いて、30％以上の食塩を加えて混合し、甕《かめ》やタンクで1年程度、発酵・熟成させる。

ニョクマム（またはヌクマム）はベトナム南部で造られる魚醤であり、イワシ、ムロアジなどが主な材料である。水槽の中に塩をすり込んだ小魚と塩を交互に重ね入れて発酵を進める。時々攪拌して塩を追加し、魚から液体が浸み出てくると、水槽の下部の蛇口から液体を回収してフィルターにかけて製品とする。タイのナンプラーは工場で大量生産されるが、ニョクマムは家庭で造られることが多い。

ナンプラーやニョクマムなどの東南アジアの魚醤は、現地の料理には欠かせないものであり、唯一の調味料となっている場合が多い。日本のしょっつるなどに比べると非常に魚臭く、塩辛さの中にも独特の風味がある。

ベトナムでは米粉の麺を用いたフォーが常食されるが、フォーの味付けにニョクマムは欠かせない。鶏肉や薄切りの牛肉に野菜を加えた出汁にニョクマムで調味し、臭みを消すためのニラやコリアンダーなどの香草を加える。日本人の味覚にも良く合う一品である。

醤油の種類

醤油の国内出荷量は１９９０年頃の約１２０万キロリットルが頂点で、その後は減少傾向にあり、２０１５年には80万キロリットルを割り込んでいる。日本人一人あたり年間６リットル程度なので相当使っているようにも思えるが、これには近年消費量が急激に伸びているだし醤油、ポン酢醤油、そばつゆや焼き肉のたれなども含まれている。国内消費量が減少する一方で海外への出荷や現地生産は順調に増加しており、１９７５年の８０００キロリットルから40年間で25倍の20万キロリットルに達している。

日本の多くの地域では、スーパーなどに積まれている濃口醤油を目にすることが圧倒的に多いが、日本農林規格（ＪＡＳ）では、濃口醤油、淡口醤油、白醤油、再仕込み醤油、溜《たまり》醤油の５種類が規定されている（図４・10）。生産比率は、濃口醤油が85％に近く、淡口醤油が12％程度で、あとの３種類は１％前後である。醸造方式は、副原料としてのアミノ酸液を使用しない本醸造方式が約85％である。

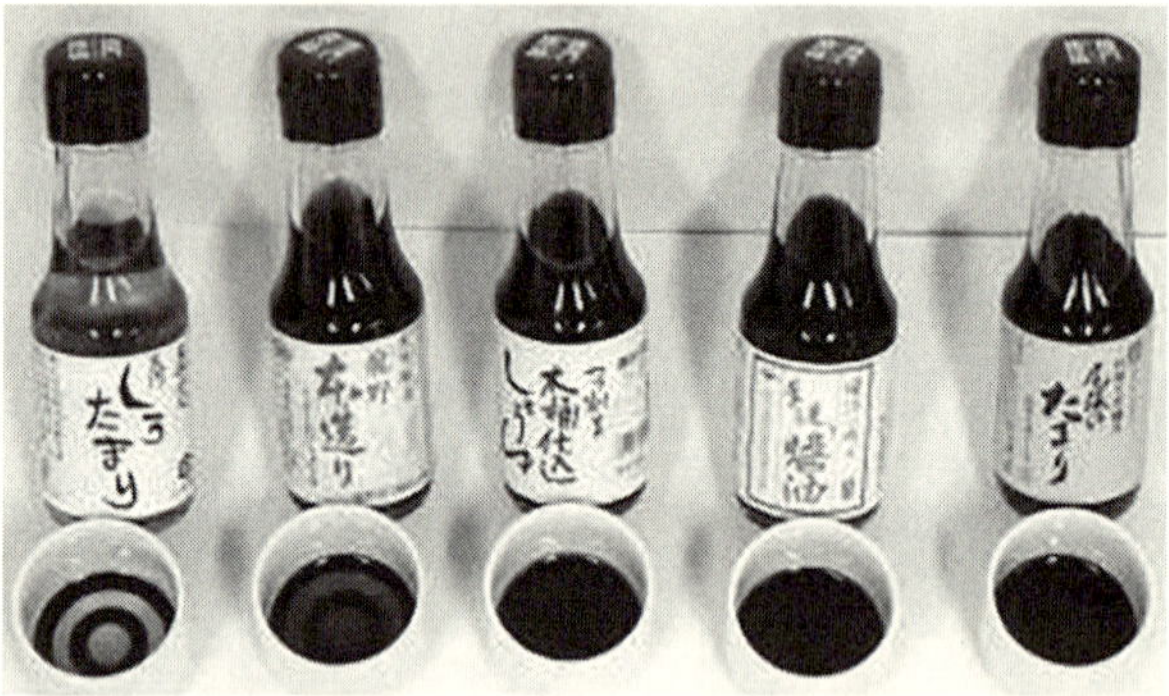

白醤油　淡口醤油　濃口醤油　再仕込み醤油　溜醤油

図4.10　**5種類の醤油**

①濃口醤油

原料として大豆と小麦をほぼ等量に使用し、強い香りと赤みがかった濃い光沢が特徴。江戸中期に関東地方で生まれ、江戸料理の調味料として発達した。醤油の代表格であり、料理の味付け、色付け、香り付けに幅広く使える万能醤油。関東・東北地方および北海道では醤油のほとんどが濃口醤油であり、醤油と言えば濃口醤油を指す。

②淡口醤油

原料は濃口醤油とほぼ同じだが、小麦を浅く炒って甘酒を加えている。製造工程では着色を防ぐために、大豆の油分を抑え、専用の麹菌を使用し、仕込みの食塩水をやや濃くし、品温（麹の温度）を低めに保ち、熟成期間を短めにし、火入れによる着色を抑えるなどのさまざまな工夫が凝らされている。色が淡く、香り、味ともに淡白で塩味が利いた醤油である。主として近畿地方で用いられ、料理に色を付けたくないときに汁物、煮物などに用いられる。

③白醤油

原料はほとんどが精白した小麦で、皮を除いた少量の大豆を使用する。製造工程で着色を強く抑制するため、醤油らしく見えないくらい色が淡く、甘味が強い。発酵・熟成工程では耐塩性微生物がほとんど生育せず、主として麹菌由来の酵素による分解が進む。吸い物や茶碗蒸しなどに用いられる。

④再仕込み醤油

仕込みの工程で食塩水の代わりに、ほぼ醤油としてできあがっている熟成もろみの圧搾液を用いることから再仕込み醤油とよばれる。醤油で醤油を仕込むという2回の手間をかけるため色、味、香りとも非常に濃厚である。刺身や冷や奴などのつけ掛け用の醤油として使われる。

⑤溜醤油

原料の大部分が大豆。蒸煮してつぶした大豆に1割程度の小麦を加え、味噌玉の形にして麹菌

醤油	塩味	旨味	甘味	苦味
濃口醤油	1.94	1.76	1.18	0.15
淡口醤油	2.45	1.55	0.85	0.09
白醤油	2.09	1.67	1.36	0.24
再仕込み醤油	2.12	1.70	1.06	0.52
溜醤油	2.27	1.64	0.94	0.58

表4.3　**5種類の醤油と味わいの特徴**
スポイトを使ってそれぞれ醤油を1滴口に含み、塩味、旨味、甘味および苦味について、0：まったく感じない、1：わずかに感じる、2：ハッキリ感じる、3：強く感じる、の4段階で判定し、平均値を算出。

を生育させ、少なめの水分で仕込んで熟成させる。発酵・熟成中のもろみが固くて攪拌できないので、もろみの塊に穴を掘って溜まった醤油をもろみに掛ける「汲み掛け」により管理する。愛知、三重、岐阜の東海三県で生産される。色が濃くとろりとした非常に濃厚な醤油であり、刺身のつけ掛けや、照り焼きに用いられる。

33名の学生の協力を得て5種類の醤油について官能検査を実施した。味覚検査の訓練を積んだモニターではないので厳密な調査とは言い難いが、醤油の味の特徴が現れている。

まず、塩味は淡口醤油がひときわ強く感じられた。濃口醤油の塩分は16〜17%だが淡口醤油は18〜19%なので、実際に淡口醤油のほうが塩分濃度は高いが、それ以上に塩辛く感じられる結果となった。

旨味については5種類の醤油の間で大きな差は認められなかったが、白醤油からははっきりと甘味が感じられた。この試験では、再仕込み醤油と溜醤油から苦味が感知されているが、この2つの醤油は非常に濃厚であり、圧倒的なコクの一部が苦味として認識されたようである（表4・3）。

味噌と違い、JAS規格により定められる醤油の種別と味の特徴は明確であり、異なるメーカーの製品でも、味の傾向はほぼ同様である。

醤油の製法

食材に含まれるタンパク質を効率よくアミノ酸に分解するためには、タンパク質分解酵素（プロテアーゼ）を大量に確保する必要がある。一方で、タンパク質を含む食材は栄養豊富で、有害な病原菌を含むさまざまな微生物が繁殖して腐敗しやすい。このような微生物は、生成したアミノ酸をさらに分解して、不快な悪臭物質を発生する。そこで、有害微生物の発生を可能な限り抑制し、限られた有用微生物だけをじっくりと生育させるために、高濃度の食塩と、長期間にわたる管理が必要となる。発酵・熟成が終了したもろみはドロドロであり、最後にこれを搾って製品として出荷する工程が必要である。

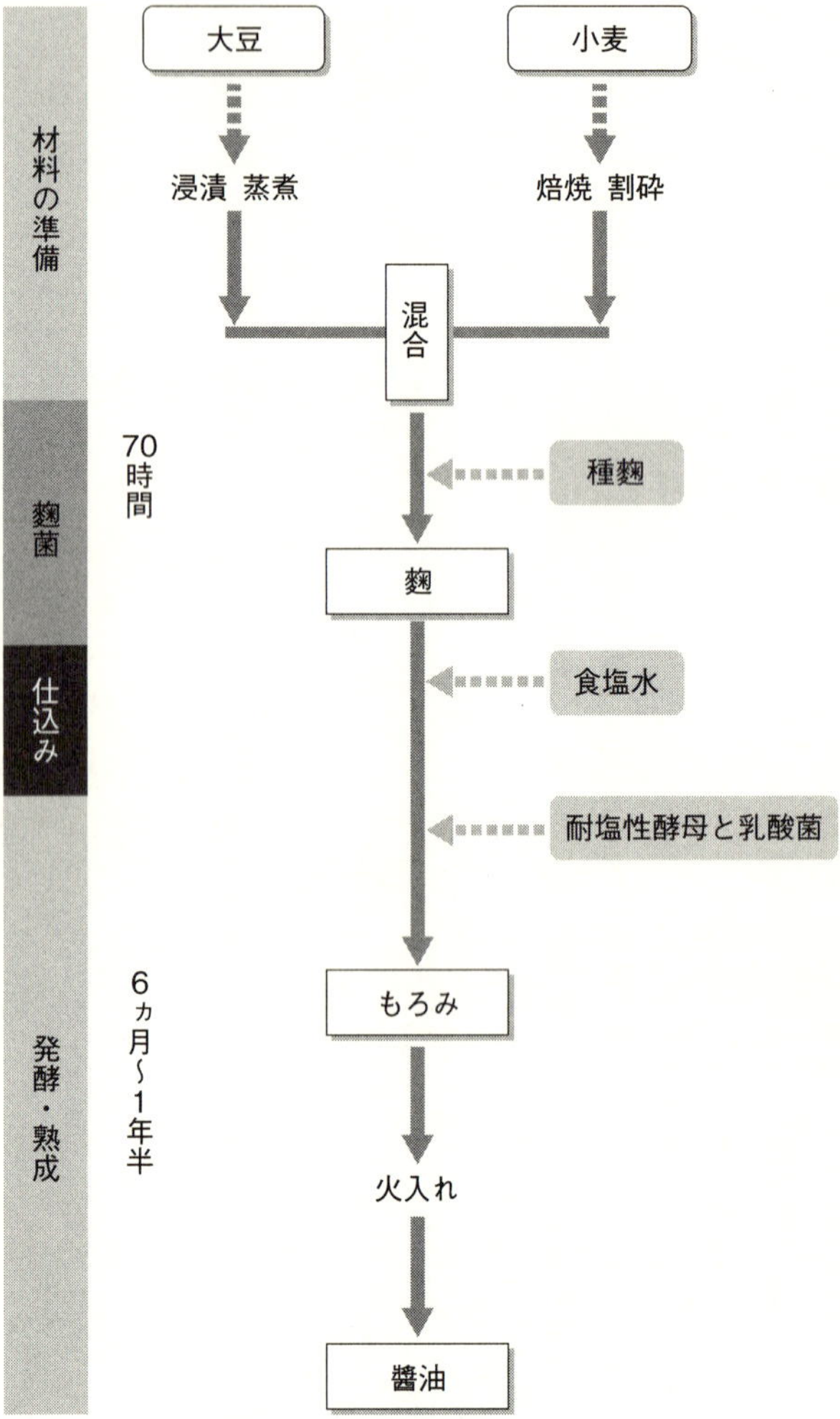

図4.11 **醬油の製造方法（本醸造方式）**

清酒造りの現場では古くから「一麴、二酛《もと》、三造り」という言葉があり、①蒸米を糖化する麴菌の育成、②アルコール発酵する清酒酵母の確保、③有害な乳酸菌の生育を抑え、酒質を良くするための工程管理の重要性が表現されている。

醤油造りでは「一麴、二櫂《かい》、三火入れ」とよばれ、①タンパク質分解酵素を確保するための麴菌、②長期間の発酵工程管理、③仕上げ時の搾りと加熱処理が重要とされている。

本醸造方式の濃口醤油の製法について解説する（図4・11）。

①原料処理

大豆または脱脂加工大豆を水に浸し、蒸煮する。小麦は焙煎し、砕いて粉末状にする（「割《かっ》砕《さい》」という）。濃口醤油では大豆と小麦を1：1の割合で使用するが、大豆の割合を少なくすると色が薄い醤油ができる。近年は丸大豆醤油が好まれる傾向があるが、丸大豆は最後の圧搾工程で分離する油の処理が厄介なので、通常は脱脂加工大豆が用いられる。

②製麴《せいきく》

蒸煮大豆と割砕小麦を混合し麴菌を加えて28～30℃で3日ないし4日間培養を行い、醤油麴を作る。麴菌としてはA・オリゼーが用いられることが多いが、プロテアーゼを大量に生産する

A・ソーエも用いられる。麴菌の生育に必要な湿度と通気に留意し、材料全体にまんべんなく麴菌が繁殖するように管理する。

③仕込みと発酵

醬油麴に約23％の食塩水を加え、荒櫂《あらがい》を行って混和する。荒櫂とは、櫂を使って固形部分と液体部分を攪拌する工程であり、この混合物をもろみという。この時点で麴菌は死滅し、麴菌が残したプロテアーゼとアミラーゼにより、タンパク質とデンプンがアミノ酸と糖に分解される。ほぼ常温で6ヵ月から1年半の間熟成させる。高濃度の食塩が存在するため、まず好塩性の乳酸菌T・ハロフィルスが生育して乳酸を生成し、もろみがpH5・3程度の酸性になる。耐塩性酵母Z・ルキシーは食塩がなければ中性（pH7・0）でも生育できるが、18％食塩存在下ではpH4〜5・5でないと生育できないため、もろみのpHが下がってから生育が始まり、アルコール発酵を行って醬油の香り成分を生成する。

④圧搾

もろみを濾布《ろふ》に包み、強力なプレス機で圧搾し、醬油粕と生醬油に分ける。表面に浮かぶ大豆由来の醬油油脂を除去する。

⑤火入れ

生醤油を80～85℃で20～30分間加熱する。火入れにより、もろみに残っていた酵素が不活性化して品質を安定化し、タンパク質が加熱凝固して除去しやすくなり、独特の香ばしい香りを発するようになる。ろ過し、瓶詰めして製品とする。

味噌はしばしば自家製造されるが、醤油を自前で作る家はまずないだろう。味噌は麹と大豆と塩を桶に仕込んで熟成を待つだけで良いが、醤油の場合は長期間にわたってもろみを管理しなければならず、さらに大がかりな圧搾工程が必要なので自家製造が難しいためである。

塩慣れの話

醤油は塩辛い調味料であるが、実際はどの程度の塩辛さなのだろうか。筆者の所属する学科の学生の協力を得て官能検査を実施した。

筆者も含め、約6割の人が醤油の塩分は5～6％と感じた。比較のために、濃度別に調製した食塩水を味わってみると、海水の塩濃度（3・3～3・5％）あたりから急激に塩辛くなり、10％を超えると猛烈な塩辛さに1滴口に含んだだけでも舌がしびれる感覚を覚える。しかし、実際の醤油の塩濃度は17〜19%であり、味覚試験で感じる量の3倍の塩分が含まれている。では、なぜ醤油はそれほど塩辛く感じないのだろうか。

一般に舌に感じる塩辛味が減少する現象を「塩慣れ」といい、熟成した味噌などにも用いられる言葉である。この現象は専門用語では「マスキング」とよばれ、食品に含まれる成分が塩味を感じるナトリウムイオン（Na^+）と塩化物イオン（Cl^-）を包み込むためと考えられている。醤油に大量に含まれるアミノ酸は、アミノ基とカルボキシル基がそれぞれ塩化物イオンとナトリウムイオンに結合できるため、マスキング効果が非常に大きく、醤油に大幅な「塩慣れ」が生じる。

マスキング効果に富む醤油を調理に使うと、塩のトゲトゲした感じが緩和され、食材の臭みが抑えられて味がまろやかになる。醤油にはマスキング効果の他に、以下の調理効果が知られている。

①消臭効果　魚や獣肉の生臭さを消す。
②加熱効果　魚や鶏肉に醤油をつけて焼くとメイラード反応により香り成分が発生するとともに、美味しそうな照りが生まれる。
③制菌効果　醤油漬けでは塩分と有機酸により雑菌の繁殖が抑えられる。
④対比効果　甘い煮豆や汁粉に少量醤油を加えると対比効果により甘味が引き立つ。

このほかに、漬かりすぎた漬け物などの酸味を抑える効果や、醤油のグルタミン酸と鰹出汁のイノシン酸との相乗効果により旨味を増強する効果なども認められる。

醤油の強力な調理効果のため、昔は日本の食卓には醤油さえあれば何でも料理できたし、どんな食材も醤油さえかければ美味しく食べることができた。現代は食の洋風化にともない米の消費量が減ったため、醤油の消費量も減少傾向であり、一人あたりの醤油の年間購入量は2リットル程度である。その代わり、ポン酢醤油、醤油ドレッシング、焼き肉のたれなど醤油ベースの二次加工品の消費量が伸びているのは前述のとおりである。

食文化は常に移り変わるものであり、伝統的な日本料理からはかけ離れた天ぷら、すき焼き、照り焼き、ラーメンなどが世界でも人気を集めている。最もよく売れるラーメンは醤油ラーメンであり、グローバル化した新時代の日本料理の根底を支えているのはやはり醤油である。

醤油の香気成分

醤油の魅力のひとつは、何と言っても特有の食欲をそそる香ばしさである。醤油の香気成分は300種以上知られていて、多くの香りが複雑に絡み合っている。香気成分の多くは、火入れの

名称	化学式	香りの特徴
ホモフラネオール（HEMF）	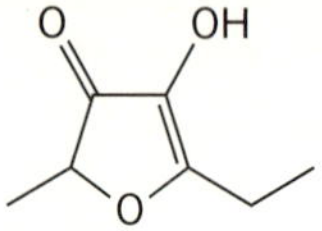	醤油の特徴香
フラネオール（HDMF）	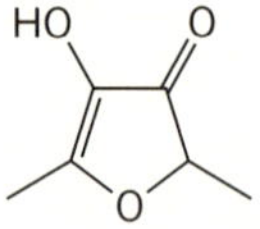	キャラメル香
4-エチルグアイアコール	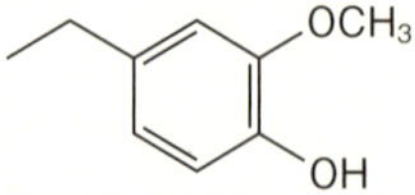	クレオソート臭

図4.12　**醤油の香気成分**

工程でメイラード反応により生成すると考えられている。アミノ酸と糖が反応するメイラード反応は加熱により爆発的に進行するので、醤油の火入れの工程と、醤油を使った調理の工程で香りが立つことになる。

納豆の項で述べたとおり、悪臭物質の多くは窒素を含んだ化合物である。一方、心地よい香りを感じる芳香物質にはヒドロキシル基を含むアルコール類と、ヒドロキシル基とカルボキシル基が結合してできるエステル類が多い。

いかにも醤油らしい香りを発する化合物として知られているのがホモフラネオールである。さらにキャラメル香を発するフラネオールやクレオソート臭と表現される4-エチルグアイアコールなどの匂いが重なり合って、香ばしい煤煙香を作り出している（図4・12）。

機能性醤油の新技術

醤油は便利だが、塩分が気になるという消費者は多い。醤油は美味しく使いたいが、塩分の取り過ぎや高血圧は避けたいという消費者の切実なニーズに応えるため、新技術を応用した機能性醤油が開発されている。

①減塩醤油

醤油には通常16～18％の塩分が含まれるが、約半分の9％以下に抑えた醤油が減塩醤油であり、減塩の濃口醤油が生産されている。醤油の醸造過程では、腐敗菌の繁殖を抑えるために18％程度の塩分はどうしても必要なので、できあがった醤油から塩分を抜く工程が必要となる。脱塩はイオン交換膜を用いた電気透析法により実施されることが多い。この方法は多大な設備投資を必要とするが、加熱や加圧の必要がないので品質や成分の劣化が生じにくいことが特徴である。一方、通常の濃口醤油から塩分だけ抜いてしまうと、バランスが変わって味わいが物足りない醤油になってしまう。そこで、本来の醤油の味に近づけるためにアミノ酸液を添加するなどの工夫が凝らされている。

塩分には食品の劣化を防ぐ作用があることから、減塩醤油は保存性が劣る。そのため賞味期限が短く定められ、冷蔵保存が推奨されている。減塩にはメーカーだけでなく消費者も少々気を遣わなければならない。

②血圧を下げる醤油

高血圧や腎臓疾患などの患者は食事に厳しい塩分の制限がかけられ、寂しい食生活を余儀なくされる。醤油の塩分が最も気になるのは、このような病気を気にする人々だろう。

アンジオテンシン（アンギオテンシンとよばれることもある）は、血圧を上げる作用をもつホルモンのひとつである。主に肝臓で合成されたアンジオテンシノーゲンとよばれる453個のアミノ酸が連結したタンパク質が、腎臓から分泌されるレニンという酵素により切断されて、アミノ酸10個のペプチドであるアンジオテンシンⅠが生成する。アンジオテンシンⅠはさらにアンジオテンシン変換酵素（ＡＣＥ）によりアミノ酸が2個削られてアンジオテンシンⅡとなる。アンジオテンシンⅠは活性をもたないが、アンジオテンシンⅡは全身の動脈を収縮させるとともに、副腎に作用して血液循環量を増加させるアルドステロンを分泌させることにより血圧を上昇させる。

アンジオテンシノーゲンやレニンの生産を制御するのは難しいので、血圧の上昇を防ぐためにはアンジオテンシンIをアンジオテンシンIIに変換する酵素ACEを阻害するのが有効である。近年、醬油に含まれるペプチドの中に酵素ACEの活性を阻害するものが見いだされたことから、この有効成分を多く含む大豆ペプチド醬油が開発されている。これは血圧高めの人向けの特定保健用食品として認められている。

第5章 乳酸菌発酵食品

漬物

漬物の分類

白飯と味噌汁があれば、次に欲しくなるものは漬物。塩味と酸味が利いた漬物は白飯と非常に相性が良く、一汁一菜の慎ましい食事でも豪華な会席料理でも、漬物のない和食は考えられない。体調維持に欠かせないビタミンと食物繊維の確保のためにも野菜はできるだけ摂取したいものだが、新鮮な野菜がいつでも入手できるとは限らない。傷みやすい野菜の保存法として最も一般的なのが漬物である。「沢庵漬」「茎漬《くきづけ》」など、漬物の多くは冬の季語であり、新鮮な野菜の確保が難しくなる冬に漬物を漬けるのが日本の風物詩であった。

日本の漬物の生産量は、1990年頃の年間120万トン程度をピークに減少傾向にあり、2013年は70万トン程度である。米の消費量の低下に連動していると考えられ、日本人の食の欧風化がこのようなところにも現れている。欧米では漬物はピクルスとよばれ、キュウリ、ニンジ

対策	原理	例
乾燥	微生物の生育に必要な水分を除去する	沢庵、いぶりがっこ
塩濃度	食塩を加えて腐敗菌を抑える	梅干し、柴漬け
酸性	乳酸菌を生育させてpHを低下させ、腐敗菌の生育を抑える	粕漬け
酸性と塩濃度	食塩と酸性pHの相乗効果	野沢菜、すぐき、糠漬け
軽微	腐敗する危険があるので要冷蔵	浅漬けの漬物一般、千枚漬け

表5.1　漬物の腐敗防止策

ン、パプリカなどが漬けられる。ドイツのザワークラウト、韓国のキムチ、中国のザーサイなど、洋の東西を問わず、世界各国で伝統的な漬物が愛好されている。

漬物は発酵食品の代表格のように思われるが、実際には乳酸菌などの微生物による発酵工程を経ない無発酵の漬物も数多い。また、漬物のすべてが保存食品とは限らない。現代は淡白な浅漬けの漬物が好まれる傾向にある。たとえば、市販されている白菜漬けやキュウリ漬けなどは、野菜を水洗いし食塩・酢・化学調味料などを含む漬液を加えてビニール袋などに封入し、低温で保存して味を付けたものである。乳酸菌による発酵を極力抑えているので、酸味が少なく新鮮な野菜の色とシャキシャキ感が楽しめる。塩濃度が2〜2・5％の漬物が食べやすくて人気であるが、この条件では雑菌の繁殖を防ぐことはできないため冷蔵保存が必要である（表5・1）。

日本にはさまざまな漬物があるが、漬床または漬液による日本農林規格（JAS）では、①糠漬け類（たくあん漬けを含む）、②醤油漬け類（福神漬けを含む）、③粕漬け類（なら漬け、わさび漬けを含む）、④酢漬け類（らっきょう酢漬け、しょうが酢漬けを含む）、⑤塩漬け類（梅漬け、梅干しを含む）、⑥味噌漬け類、⑦麹漬け類、⑧赤唐辛子漬け類（白菜キムチを含む）などに分類されている。

糠漬けの製法と手入れ

日本の漬物の代表格が糠漬けであり、手入れが良く美味しい漬物を生み出す糠床は、母から娘へと伝えられる家庭の味の源泉でもある。一般の町民が精米した白米を食べられるようになった江戸時代には、大量に発生する米糠の有効利用法として糠漬けが普及していたと考えられる。糠漬けは乳酸菌を初めとするさまざまな微生物のハーモニーであり、発酵の進行にしたがって微生物が移り変わっていく。糠漬けの工程を追いながら微生物の働きを紹介していこう。

糠漬けの伝統的な製法では、米糠に15%程度の食塩水を等量程度加えて良く混合し、唐辛子や昆布を加えて表面を平らにならす。ここに野菜クズを数日間漬ける（捨て漬け）と、野菜についていた乳酸菌が増殖を始める。

米糠の炭水化物の半分近くは食物繊維であり、さらに脂質とタンパク質およびビタミンB_1を初

米糠の成分	炭水化物	脂質	タンパク質	水分
含有量(g/100g)	48.8	19.6	13.4	10.3

表5.2　米糠の成分
（文部科学省「日本食品標準成分表　2015年版」より）

めとする各種のビタミンとミネラルを含む非常に栄養価が高い食材なので（表5・2）、米糠に水を加えて放置すると微生物が猛烈に繁殖する。

糠漬けには6〜7％の食塩が加えられるため、腐敗菌の多くは繁殖が抑えられ、比較的塩分に強い微生物が生育する。当初は野菜に付着していたバチルス属、シュードモナス属、ミクロコッカス属などのさまざまな雑菌が生育するが、やがてロイコノストック属やラクトコッカス属の乳酸球菌が生育し、乳酸によりpHが低下して雑菌が死滅する。5〜7日経過して乳酸が0・7〜1・0％に達すると乳酸球菌もゆっくり死滅し、より乳酸に強いラクトバチルス・プランタラム、ラクトバチルス・ブレビスなどの乳酸桿菌が生育する。この頃にはpH4・5程度にまで低下し、糠床の表面にゆっくりとピキア・アノマラなどの産膜酵母が生育を始める。表面にうっすらと産膜酵母の白い膜が張り、乳酸桿菌とバランス良く生育して糠床が熟成するまで、夏場で2ヵ月、冬場では4ヵ月程度かかるとされる。ここで、すでに熟成した糠床を分けてもらうこと（床分け）により熟成期間を短縮することもできる。

糠床は多数の微生物が微妙なバランスを保って生育しているので、バランスを維持するために手入れが重要である。糠床の手入れの基本は、底からかき混ぜて空気に触れていた部分を深部に混ぜ込む「天地返し」である。

糠床の主力であるラクトバチルス属乳酸菌は酸素に敏感で、酸素が存在すると乳酸発酵が停止する。乳酸菌は整腸作用も期待できる善玉菌だが、あまり勢いよく乳酸菌が繁殖すると酸味が強くなりすぎる。このような現象を「酸敗」といい、典型的な漬物の劣化とされる。そこで、天地返しを行って酸素を注入し、乳酸菌の働きを抑える必要がある。さらに、酸素不足の状態が長く続くと、酸素に非常に弱い酪酸菌が生育して「無精香」とよばれる履き古した靴下の臭いのする酪酸を生成するので、天地返しは酪酸菌の退治にも役立つ。

糠漬けの表面に張る白色の膜は産膜酵母である。産膜酵母は酸素が好きで、乳酸を消費して酸味を低下させ、アルコールを生成して漬物に芳醇な香りを与えることから悪玉菌ではなく、漬物の陰の立て役者でもある。ただし、産膜酵母が大繁殖するとシンナー臭が発生するので、適度に生育を抑える必要がある。天地返しでは、産膜酵母が発生しやすい表面部分を糠床の深部に押し込むので、産膜酵母が適度に抑えられる。

糠床の手入れは1日に1回、気温の高い夏場は微生物の生育が早いので1日に2回の手入れが必要とされる。天地返しの意義は、糠床を均一に混合して局所的な微生物の異常繁殖を抑えることである。旅行などのため糠床の手入れができないときは、表面に塩を振って冷蔵庫に入れて微生物の生育を抑制すれば延命可能である。手入れをしたら糠床を丁寧に平らにし、蓋をして重石を置いて空気を遮断して保存する。

　また、糠床に野菜を漬けると、野菜から水分が出て糠床がドロドロになるうえに塩分が薄くなる。これを放置すると腐敗菌が繁殖して糠床が台無しになりかねないので、10回くらい野菜を漬けたら水分を捨て、新たに糠と塩を加えて糠床の固さを保つ必要がある。通常の糠床は水分60％、塩分6％くらいだが、健康志向の現代では塩分は低減の傾向にあり、昔は塩分8％程度の糠床が多かった。

　糠漬けが酸っぱくなりすぎたときは、卵の殻を砕いて入れるとよいとされる。卵の殻の主成分は炭酸カルシウムなので、乳酸が多すぎて酸性に傾いた漬物の中和に有効である。酸性に傾いた土壌の改良に卵の殻が用いられるのも同じ理由である。

　糠漬けには、歯ごたえがしっかりした野菜がよく合う。キュウリ、ダイコン、ハクサイ、キャベツ、カブ、ナス、ニンジンなどが定番であろう。糠床に漬けられた野菜は、塩分の浸透圧により水を吸い出されてしんなりした状態となる。野菜には塩味がつくとともに、野菜に含まれる酵素により青臭みが消え、タンパク質が分解されて旨味を持つアミノ酸が産生し、漬物特有の風味が生まれる。漬け込みは12時間程度が目安であり、このとき野菜の塩分が2％程度に達して食べ頃になる（図5・1）。

　糠漬けの野菜は、糠床から上げたら時を移さず食べないと美味しくないので、市販されること

図5.1　糠漬け

は少なく、家庭の味の典型である。発酵食品の良さを日常的に味わいたいと思う人は、手間を惜しまない覚悟があるなら、まず糠漬けから始めてみたらいかがだろうか。

糠床の手入れの作法は、母から娘へといったように人から人へと伝えられる経験則であり、微生物の変遷などを意識して編み出されたものではない。しかしながら、現代科学により分析すると、その合理性が改めて浮き彫りとなる。このような漬物の文化を育んだ日本人の英知に感動を禁じ得ない。

漬物の安全基準

浅漬けのように野菜の食感を楽しむ漬物は保存性が低く、冷蔵保存が必要である。一方、塩漬けや醤油漬けなどの漬物は、最初から野菜を長期保存するのが主な目的である。現在では、常温で長期保存が可能な漬物は、腐敗菌の繁殖を防ぐために一定の基準を満たすことが求められている。

厚生労働省の「漬物の衛生規範（平成28年最終改正）」による保存性のある漬物とは、常温で7日間以上の保存性があるもので、以下のいずれかに該当するものとされている。

①塩分濃度が4％以上あるもの。ただしアルコールを添加するものは塩分濃度に加算する。
②pH4・0以下のもの。
③塩分濃度が3％以上4％未満であって、pH4・6以下のもの。
④かす漬け。
⑤容器包装後、加熱殺菌したもの。

つまり、常温保存できる漬物は塩分またはアルコールを投入するか、乳酸発酵により酸性にするかいずれかの手段で雑菌の繁殖を防ぐように定められている。

日本の漬物

南北に細長い日本列島では、津々浦々に地方色豊かな漬物が作られている。日本の漬物すべてについて語り尽くすことはとてもできないので、特色ある伝統的な漬物をいくつか紹介して漬物の特色を解説したい。京都は上質な京野菜を材料に上品な味わいの京漬物が古くから発展している。お土産の定番でもある京都の伝統的な漬物といえば、千枚漬け、すぐき、柴漬けである（図5・2）。

①千枚漬け

京都の漬物と言えば、大きなカブから作られた薄くて丸い千枚漬けを思い起こす人も多いだろう。千枚漬けは、宮中の料理人であった大黒屋藤三郎が聖護院蕪《しょうごいんかぶ》に出会い、明治維新とともに「大藤」ののれんを掲げて売り出したとされている。漬物と言えば塩辛いものとされていた時代に、ほんのりと甘酸っぱく繊細な味わいの千枚漬けは、新鮮な驚きをもって迎えられたことだろう。

大きな物は5キログラムにも達する聖護院蕪（京都の人は「かぶら」という）を専用の鉋《かんな》を用

図5.2　**漬物**
①千枚漬け　②重石を載せて漬け込み中の千枚漬け
③すぐき　④柴漬け

いて2ミリメートル程度の厚さに切り、塩を振って樽に下漬けする。下漬けは四斗樽に70〜90個の蕪を使って、約2000枚を等間隔に並べて重石を載せる。2〜3日後に余分な塩分と水を除き、昆布と一緒に砂糖や酢などを含む調味液で樽に2〜3日間本漬けして完成する。本漬け中には乳酸発酵が起こっているが、基本的には長期保存を目的としない浅漬けであり、保存には冷蔵が必要である。浅漬けの味を日本に広めた千枚漬けの上品な歯ごたえから、明治維新の時代を生きた人々の心意気を想像するのも楽しい。

②すぐき

すぐきはカブの変種である酸茎菜《すぐきな》の葉と蕪を用いた、本格的な乳酸発酵漬物である。

酸茎菜は、桃山時代に京都御所から種子を賜った上賀茂神社の社家が長らく門外不出として栽培していたものの、約300年前の飢饉の年に難民救済のため近隣の農家に栽培法が公開されたといわれ、現在も上賀茂で栽培されている。

作り方はまず、初冬に収穫された酸茎菜の根部の皮をむき、大きな樽で約5%の食塩とともに一晩荒漬けされる。水洗した酸茎菜を約1%の食塩とともに四斗樽で本漬けする。このとき、天秤押しと呼ばれるテコの原理を用いた仕掛けで強力な圧力をかけて圧搾するのがポイントである。水分が搾り出されて目減りした分には、荒漬けした酸茎菜を追加する追い漬けを行い、さらに、約1週間40℃に保たれた室《むろ》に入れる。ここで乳酸菌が猛烈に繁殖し、乳酸が1〜1・5％に達して独特の酸味が利いた味わいが生まれる。室から出して1週間ほど寝かせて商品となる。すぐきは保存食品であり、樽のまま店頭に置かれて販売されることが多い。根部は輪切りにし、葉茎部は細かく刻んで食べるのが普通である。

日本の漬物はほとんどが醤油や旨味調味料などで調味して製造販売されている。伝統的な漬物も、昆布や醤油などを使って野菜の味を引き出しているものが多い。そうした中で、すぐきは塩だけを用い、本格的な乳酸発酵を行って製造される「今どき珍しい」正統派の漬物である。

すぐきから免疫賦活効果を有するラブレ菌が分離されている。ラブレ菌は1993年に（財）ルイ・パストゥール医学研究センターの岸田博士が分離した、ラクトバチルス・ブレビスという植物性乳酸菌である。塩と乳酸の濃度が高い漬物の中で生き抜くラブレ菌は、乳酸菌の中でも生命力が強く、ヒトの腸内に到達して生育することができる。ラブレ菌は腸内でリンパ球を刺激してインターフェロンαの生産を誘導し、自然免疫の主役であるナチュラルキラー細胞を活性化して免疫力を高めるとされる。ラブレ菌が配合された飲料や漬物がいくつも市販され市場を賑わせているが、ラブレ菌の御利益に与《あずか》るならラブレ菌が生息するすぐきを試してはいかがだろうか。

③柴漬け

柴漬けはナスを刻み、赤紫蘇の葉を加えて乳酸発酵させた、赤紫色の鮮やかな漬物である。

柴漬けの由来には諸説あるが、平家の滅亡に際して源氏方に救われた建礼門院徳子が京都郊外の大原に隠棲していたとき、里人が差し入れた漬物を気に入って柴漬けと名付けたとされる。ナスを約1センチメートルの厚さに斜め切りし、紫蘇を加え約5％の食塩を振って一晩下漬けする。さらに、塩加減を変えて数週間かけて本漬けし、乳酸発酵させて酸味と香りをつけるとできあがりである。

現在は、消費者の好みに合わせてキュウリを加えて酢漬けにしたもの、乳酸発酵を行わず調味液に漬けたものなど、さまざまに工夫された柴漬け風の調味酢漬けが市販されている。柴漬けとはこのようなものと思っている人が多いと思われるが、伝統的な柴漬けは紫蘇とナスを主原料にして、塩のみで漬けて乳酸発酵させたものであり、本家のはずなのに「生柴漬け」「発酵柴漬け」などの名称で販売されている。食品の製法も長年の間に少しずつ変遷していくのが世の常とはいえ、伝統の味が片隅に追いやられようとしていると思うと、紫蘇の香りが少しほろ苦い。

西洋には味噌や醤油がないので、漬物は塩漬けと酢漬けが主体である。日本で身近な西洋漬物と言えば、ザワークラウトとピクルスであろう。

①ザワークラウト

ザワークラウトは、ヨーロッパではソーセージなどを食べるときの定番の付け合わせであり、ドイツなどで作られる酸味の利いた細切りキャベツの漬物である。キャベツを2ミリメートル程度の細切りにし、2～2・5％程度の食塩をまぶしてすき間なく桶に漬け込み、押し蓋と重石をして常温（15～25℃）で2～3週間発酵させる。糠漬けと同様に、先にロイコノストック属やラクトコッカス属などの乳酸球菌が生育し、pHが低下するとラクトバチルス属の乳酸桿菌が増殖する。乳酸濃度1・5％程度が食べ頃である。ザワークラウトの製造には酢を使わないので、ザワークラウトの酸味は乳酸発酵により生じた乳酸である。

肉料理の臭みを消す付け合わせとして、ヨーロッパの人々に親しまれているが、ビタミンCが豊富な保存食としても重宝されている。加熱工程がないので、キャベツに含まれるビタミンCが保存されるうえに、乳酸菌がアスコルビン酸（ビタミンC）を生成するためである。

ただし、現在のザワークラウトは缶詰やビン詰めで流通することが多く、製品化の過程で加熱殺菌されるため、せっかくのビタミンCがほとんど熱分解されている点が少し残念である。

②発酵ピクルス

英語でピクルス(pickles)と言えば漬物全般をさす一般名詞であるが、日本でピクルスというと塩漬けや酢漬けのキュウリをイメージするだろう。乳酸発酵をともなう発酵食品のピクルスは、塩漬けピクルスの一種である。

ピクルス用に栽培された短い楕円形のキュウリに、少量の食酢と約8%の食塩水を注ぎ入れ、3~6週間保存して乳酸菌による発酵を待つ。乳酸濃度が1・3%程度になると食べ頃である。ピクルスはキュウリの形が重要なので、重石を使わず「浮かし漬け」にする。オールスパイス、クローブ、セージ、ディルシード、タイムなどの香辛料をたくさん使う点もピクルスの特徴のひとつである。製品は、中身がよく見えるビン詰めにして市販される。

ピクルスの酸味の利いたシャキシャキ感は肉とパンにぴったりである。本場のアメリカ人ならば、ハンバーガーやホットドッグにピクルスが入っていなければ納得しないだろう。ニューヨークの街角の売店で威勢よく「ハッダッ!」とホットドッグを注文する姿は、発酵食品に親しむ欧米人のひとつの典型と思える。

③キムチ

韓国と言えばキムチ。ハクサイを食塩で漬け、唐辛子、ネギなどを加えて常温で発酵させたスパイシーな発酵食品であるが、もともとは朝鮮半島で厳しい冬を過ごすための保存食としての塩漬け野菜である。

伝統的なキムチの製法は、刻んだハクサイを10〜15％食塩水に一晩漬け、ハクサイが3％程度の食塩を含んだところで洗浄・水切りする。トウガラシ粉、ニンニク、ネギ、ショウガなどを混合した調味料を用意し、ハクサイの葉に塗りつけながら壺などに丁寧に並べ、空気抜きをして室温で保存する。ロイコノストック属などの乳酸球菌や、ラクトバチルス属などの乳酸桿菌が繁殖し、熟成する。

発酵初期に生育する乳酸菌の多くが、さまざまな有機酸やアルコールを生成するヘテロ型の乳酸発酵を行うため二酸化炭素ガスが発生し、熟成したキムチには酢酸、エタノールおよび種々の香気成分が含まれる。熟成期間は温度と塩濃度に大きく左右され、30℃では1日、20℃では3日、15℃では10日、5℃では1ヵ月程度かかるので、食べ頃の見極めが重要である。pH4・5〜4・2、酸度0・5〜0・8％（乳酸換算）くらいのキムチが一番美味しいとされる。

キムチは地方や流儀によりさまざまな材料が用いられ、イカやイワシの塩辛、魚醤、煮干し、昆布、リンゴ、ナシなどが使用されたものが製造されている。韓国を訪れると、飲食店では必ずキムチが無料で付け合わせとして提供され、各地でさまざまな味わいとコクのあるキムチを賞味できる。

本場のキムチは魚介類を材料に用いるため生臭いものも多く、慣れないと食べにくいものや、日本の基準ではいささか雑菌が多いものも散見される。キムチの中では多数の乳酸菌が活動中のため、熟成期間が過ぎると乳酸が過剰となり、非常に酸っぱくなる。pHが4・0を下回り、酸度1%を超過したものは、もはや酸敗して賞味期限が過ぎたと判定される。韓国旅行の土産にキムチを持ち帰ると、輸送中に発生した二酸化炭素ガスのため袋がパンパンに膨れて破裂する危険があるうえに、開封したら味が変わっていてそんなはずではなかったということもありえる。

現在では、日本で市販されるキムチの9割以上は日本で製造されたものであるが、ほとんどが日本人の淡白な嗜好に合わせてキムチ風の調味液に野菜を漬け込んだだけで、乳酸発酵が抑えられたものである。輸入されるキムチも味の変質を防ぐため、窒素充填や初期乳酸菌数の抑制などの工程が加えられており、本来の発酵食品から外れつつある。こうしたキムチ風漬物はたしかに食べやすく誰でも抵抗なく賞味できるが、残念ながら本場の味を忠実に再現したものではなくなっている。

発酵食品は生き物である。キムチに限らず、本当に美味しい発酵食品は、その地を訪れ現地の雰囲気の中で時を移さず食するものと心得るべきだろう。

馴れ鮓の話

周囲を海に囲まれた日本列島では、貴重なタンパク源でありながら腐敗の早い魚介類をいかにして保存するかは、永遠の課題である。野菜は食塩を加えて空気を遮断しておけば、自然に乳酸菌が繁殖してpHが低下し、腐敗菌や病原菌を抑えてくれる。しかし、魚介類で同じことをやるとタンパク質の分解によりpHが上がるので、腐敗菌が大繁殖してしまう。腐敗菌が生育できないほど食塩を加えれば、やがてタンパク質が分解して魚醬となるが、魚は影も形も残らない。

このジレンマの解決策のひとつが「馴れ鮓」である。塩漬けにした魚介類を米飯に漬け込み、米飯の乳酸発酵によりpHを低下させて保存性を高めた発酵食品を総称して「馴れ鮓」という。鮒を材料とする鮒鮓、サバから作るさば馴れ鮓、ハタハタを使う飯鮓《いずし》など、日本各地でさまざまな馴れ鮓が作られている（図5・3）。

琵琶湖周辺で作られる鮒鮓は、平安時代から記録が残る代表的な馴れ鮓である。作り方はまず、卵巣を残して鮒の鱗《うろこ》と内臓を除去し、腹腔に食塩を詰め込む。桶の底に塩を敷き、塩詰めした鮒を並べてさらに塩を敷き詰める。数ヵ月してから鮒を取り出して水洗いして塩抜きし、米飯を鮒の身に詰め込む。桶に米飯と飯詰めした鮒を何層にも積み重ね、落とし蓋をして重石を載

図5.3　**馴れ鮓の一種、飯鮓**

せ、数ヵ月から数年間保存する。空気を遮断された環境で米飯に乳酸菌が盛んに繁殖し、pH４・０〜４・５に保たれるため、鮒が腐敗を免れて熟成が進む。

熟成過程では、約１・１%の乳酸に加えて酢酸、ギ酸、プロピオン酸、酪酸などの酸性物質が生成し、さらに鮒のタンパク質から生成したアンモニア、トリメチルアミンなどの悪臭物質も混在して強烈な臭いがする。食するときは、原形を留めなくなった飯を捨てて鮒の身をスライスし、そのまま食べるなりお茶漬けに加えたりする。卵巣の部分はチーズのような食感と香りで美味である。強い刺激臭に耐えて口に入れることができれば、酸味が利いたふくよかな味わいを楽しめるが、初めて挑戦する人にはいささか勇気が必要であろう。

室町時代には、塩を混ぜた飯に魚を漬け込み、３〜４日から１ヵ月くらいに熟成期間を短縮した生馴れ鮓が出現した。この状態では飯粒が原形を留めているので、魚の身と一緒に飯を食することができる。和歌山県のサンマやサバ、岐阜県のアユ、北海道のニシンなどを材料とした生馴れ鮓が各地で郷土料理として親しまれている。さらに、仕込みに麹菌を繁殖させた飯を用いる「いずし」が日本海沿いの各地で作られていて、ハタハタを材料とする秋田県の飯鮓が代表的である。乳酸発酵の期間が短いため、それほど匂いは強くなく、少量含まれるコハク酸が隠し味となって楽しめる。

馴れ鮓は現代人が慣れ親しむ寿司とはまったく別物の発酵食品として発展してきた。しかし、イキの良さを求める日本人の嗜好から、江戸時代になると、酢飯を生魚の切り身に添えて保存性を向上させた、いわゆる「江戸前」の握り寿司が人気を集めるようになる。握り寿司は発酵食品ではなく新鮮さが命の海の幸であり、遠浅の干潟に恵まれた江戸っ子の楽しみであったが、またたく間に日本全国に広がって現在の寿司の主流となっている。

ヨーグルト

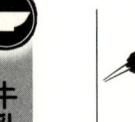

牛乳タンパク質凝固の原理

古来より農耕に向かない広大な草原で生きてきた人々は、ヒツジ・ヤク・ヤギ・ウシ・トナカイなどの家畜の群れを追って暮らしていた。人々は食用にならない草を肉や乳などの食料に変換してくれる家畜を、財産として扱い、さまざまな乳加工品を作り出してきた。ヨーグルトの起原についても諸説あるが、ヨーロッパ、アジア、中近東など牧畜を行っていた地域で、生乳を入れた容器に乳酸菌が混入して乳が固まると、腐りにくく長持ちすることに気がついたのが始まりと考えられる。日本でヨーグルトが一般に普及したのは戦後になってからであり、伝統の発酵食品とはいえない。しかし、現在では発酵乳と乳酸菌飲料を合わせて、国民一人あたり10リットル近く消費するほど身近な食品となっている（平成28年度農水省牛乳乳製品統計）。そこで、日本人にとって重要な発酵食品としてヨーグルトとチーズを取り上げる。

一方、比較的温暖で湿潤な日本では草原が可能な限り耕作地とされたため、近代まで大規模な酪農が発達しなかった。そのため日本には、伝統的な発酵乳製品がほとんどないが、奈良・平安時代には牛乳を乳酸発酵により固めた「酪《らく》」とよばれるヨーグルト様の食べ物の記録がある。さらに、酪をゆっくり煮詰めてチーズケーキのような「蘇《そ》」が作られ、蘇から「醍醐」とよばれる最上の食品が作られたとされる。残念ながら製法が伝わっていないので、醍醐がどのような食品であったか不明だが、「醍醐味」という言葉だけが残っていることから至福の美味であったと想像される。

現在の日本でも酪農が営まれる地域は限られるため、生乳は鮮度を要する飲用牛乳、クリーム、バターなどの生産に回されることが多く、チーズなどの保存が利く乳加工品の多くは輸入に頼っている。日本人にとってチーズやヨーグルトは外国から伝来したものであり、製法や優良な微生物の菌株なども基本的には導入された技術を忠実に伝承している。海外の文化を貪欲に導入しつつ、必ず日本の事情に合わせて改良し進化させてきた歴史を持つ日本人には珍しい事例と思われる。

牛乳は栄養価が高いが液体であるために腐敗しやすく、保存が難しい。乳加工食品は、牛乳のタンパク質などの栄養成分を濃縮し、保存性を高めることを目的として製造される。このため、乳加工食品の製造工程では牛乳のタンパク質を凝固させることが基本となる。では、タンパク質はどのような条件で凝固するのだろうか。多数のアミノ酸が連鎖した巨大分子であるタンパク質は、微妙なバランスにより水中を漂っている。そのため、何かのきっかけでタンパク質同士が凝集すると、容易に凝固する。

①熱凝固

卵を茹でると白身と黄身が固まり、牛乳を煮詰めると表面に膜が張る。いずれもタンパク質が凝固したためである。

水分子は、電子を引きつける力が強い酸素原子と弱い水素原子が結合しているため、電子が酸素原子に偏って分布し、酸素がマイナスに、水素がプラスに荷電して極性を生じている。

水のように極性のある液体には、電荷や極性のある物質は溶解するが、極性のない分子は溶解しにくい。たとえば、食塩は水中では電荷をもつナトリウムイオン（Na^+）と塩化物イオン（Cl^-）に分かれるため、水によく溶ける。一方、中性脂肪の油は極性が非常に低い分子なので、水には溶けにくく、水層と油層に分かれることになる。ヒドロキシル基（$-OH$）、カルボキシル基（$-COOH$）、アミノ基（$-NH_2$）はいずれも極性を持つ官能基であり、これらの官能基を多数含む分子は水に溶けやすい。

タンパク質を構成する20種類のアミノ酸の個性は、アミノ酸の側鎖とよばれる部分により決まる。側鎖に極性の官能基を含むアミノ酸は、親水性アミノ酸である。アミノ酸はカルボキシル基とアミノ基を使ってペプチド結合（－CONH－）により連結し、タンパク質を作る。水に溶けているタンパク質は、疎水性アミノ酸が中心部に固まって疎水性コアを形成し、表面に親水性のアミノ酸が集まっているので、水中で安定に存在できる。

タンパク質を含む水溶液を加熱すると、熱のため分子の振動が激しくなり、内部の疎水性コアが一時的に露出する。このとき、隣接するタンパク質の疎水性コアと接触すると、疎水結合とよばれる引力によりコア同士が結合する。大きな疎水性コアは安定度が高いため、次々とタンパク質が結合して大きな塊を形成し、元に戻れなくなる。これがタンパク質の熱凝固のメカニズムであり、茹でると卵が固まる理由である。

②酸による凝固

ヨーグルトは牛乳に乳酸菌を繁殖させ、pHの低下によりタンパク質を凝固させて製造する。牛乳にレモン汁や酢を垂らすと、同様にタンパク質が固まる。では、pHが下がるとタンパク質が固まるのはなぜだろうか。

牛乳の主要なタンパク質はカゼインであり、α（アルファ）、β（ベータ）、κ（カッパ）と3種類のカゼインが存在する。牛乳の中では、カゼインが多数寄り集まってミセルとよばれる直径

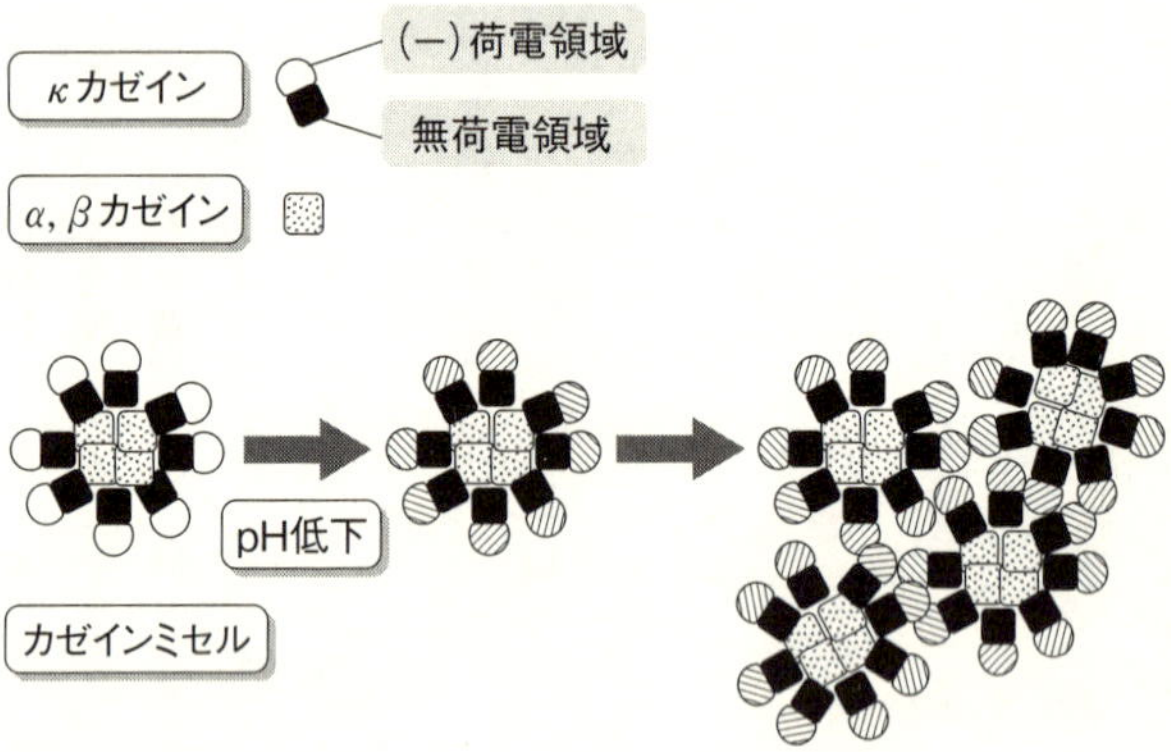

図5.4　酸によるタンパク質凝固

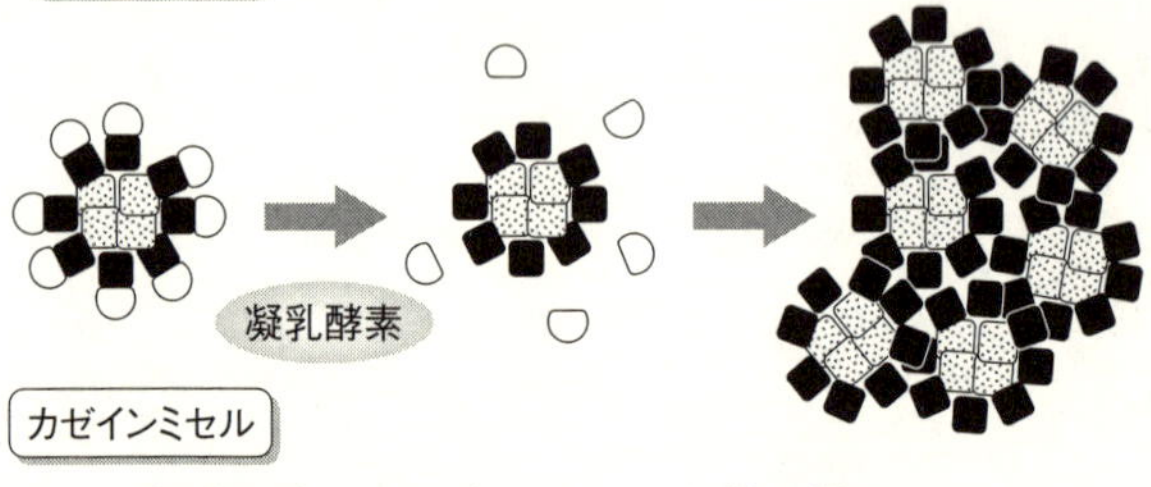

図5.5　凝乳酵素による牛乳タンパク質の凝固

0・03〜0・3ミクロンの塊を形成しているが、ミセルの表面は主としてκカゼインに覆われている。κカゼインは末端に複数のリン酸が結合し、リン酸は電離してマイナスの電荷を帯びているため、カゼインミセルはマイナスの電荷を帯びている。マイナスの電荷同士の反発力でミセル同士の結合が妨げられるため、カゼインのミセルは牛乳の中で安定して浮遊している。

ところが牛乳のpHが低下すると、水中に大量の水素イオン（H^+）が存在することになり、リン酸のマイナスの電荷がどんどん中和される。その結果、マイナスの電荷同士の反発力がなくなるため、ミセル同士が結合して巨大分子となり、やがて水に溶けていられなくなって凝固する。牛乳の場合はpH4・6以下になると凝固が始まる。

一般に、タンパク質を含んだ水溶液のpHを低下させると、タンパク質の表面に露出する親水性アミノ酸が電荷を失うため、タンパク質が凝固して沈殿する（図5・4）。

③凝乳酵素による凝固

チーズは牛乳に凝乳酵素（レンネット）を添加することにより、カゼインを凝固させて製造する。κカゼインは169個のアミノ酸が連結したタンパク質だが、凝乳酵素はκカゼインの105番目のフェニルアラニンと106番目のメチオニンの間を特異的に切断する。κカゼインの後半にはマイナス荷電のリン酸が結合しているため、後半部を切り落とされるとκカゼインは電荷

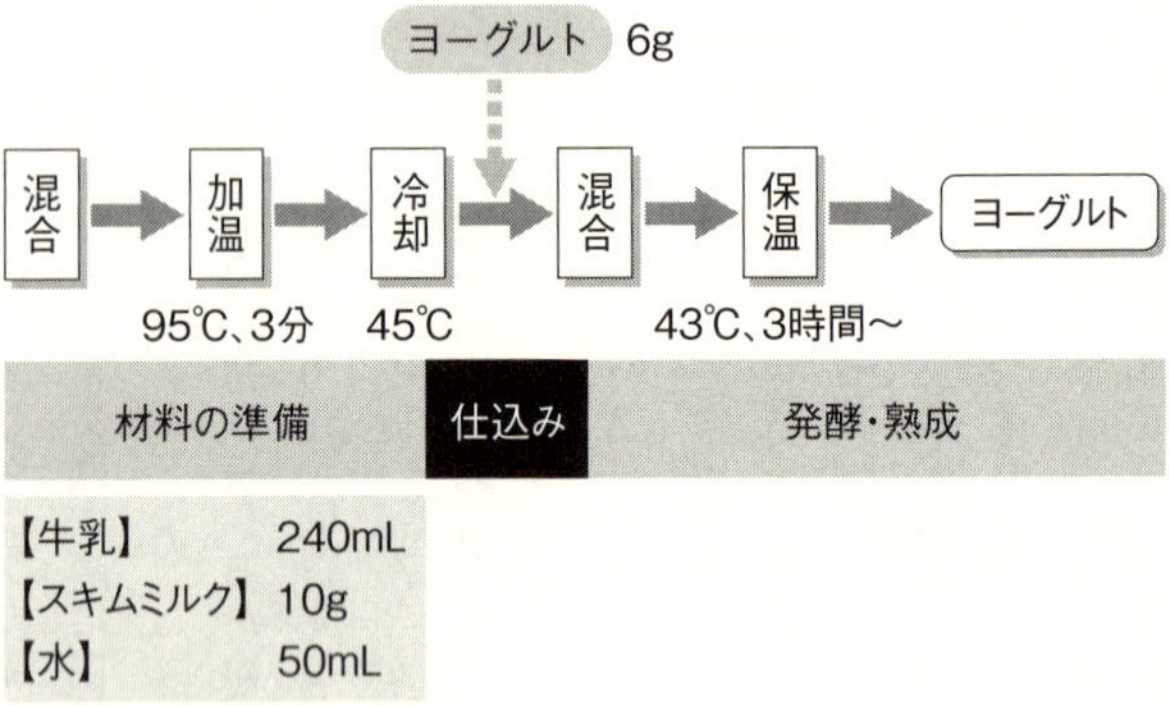

図5.6　**家庭用ヨーグルトの製法**

を失う。このときカルシウムイオンが存在すると、カルシウムを介してカゼインタンパク質同士が強固に結合して凝固する（図5・5）。

チーズの製造工程では、このようにカゼインミセル同士の結合を防いでいるκカゼインだけを狙って切断する凝乳酵素が必要である。チーズ作りの体験工房などに参加すると、レンネットの添加により牛乳が魔法のように固まるのを目にすることだろう。

ヨーグルトの製法

ヨーグルトは家庭で容易に作れる発酵食品なので、ここでは市販のヨーグルトを使って家庭で美味しいヨーグルトを作る方法を紹介する（図5・6）。

牛乳にスキムミルクと水を加え、沸騰させないように加温（95℃前後で3分間）する。ゆっくり冷やして45℃

くらいになったところで、種菌として市販のヨーグルトを加え、よく混ぜる。容器にきっちり蓋をして、風呂の温度（約43℃）に保つと、3時間ほどで乳酸濃度が0・7〜0・8％に達してヨーグルトが完成する。これ以降は、発酵が進みすぎるのを防ぐため、冷蔵庫に保存する。

ヨーグルトには常に、乳酸桿菌のL・ブルガリクスと乳酸球菌のS・サーモフィルスの2種類の乳酸菌が含まれている。これは、L・ブルガリクスはS・サーモフィルスにペプチドやアミノ酸を供給し、代わりにS・サーモフィルスはL・ブルガリクスにギ酸を供給するという共生関係が成立しているためである。どちらの菌も単独では非常に生育が遅いが、相棒を得ると元気よく増殖する。乳酸菌は酸素に敏感なため、酸素がある間は乳酸発酵を行わないので、発酵中に空気が混入しないように密封して静置することが重要である。

機能性食品

世の中には身体に良いと言われる食品や、いわゆる「健康食品」が多数出回っている。ヤクルトなどの乳酸菌飲料やヨーグルトなどの発酵乳はおなかの調子を整えると言われるが、これには根拠があるのだろうか。

食品の機能については1980年代に本格的に議論され、栄養素やカロリーの供給という基本

種別	審査	表示
いわゆる「健康食品」	審査・届け出なし	機能性は表示できない。「さわやかな朝に」といったイメージ表示の例が多い
機能性表示食品	届け出のみだが、事業者が科学的根拠を示す必要あり	「目の健康をサポート」など機能を表示
特定保健用食品	安全性・有効性に関する国の審査がある	「おなかの調子を整える」など具体的な機能を表示。「トクホ」マークを表示できる

表5.3　**機能性食品の種別**

的な食品の機能を第一次機能、味・香り・美味しさなどの感覚的な機能を第二次機能、生体防御・疾病防止・老化抑制・体調改善などの生態調節機能を第三次機能とする概念が確立されている。機能性食品とは、身体の調子を良くすることを目的とした第三次機能を有する食品を指している。

食品の表示は消費者庁の管轄であり、日本では根拠なく食品の機能性を表示することは禁じられている（表5・3）。

「トクホ」と略称される特定保健用食品は、健康の維持増進に役立つことが科学的根拠に基づいて認められ、具体的な機能の表示が許可されている食品である（表5・4）。十分な量の特定の保健機能成分が含まれていることが必要条件である。ヨーグルトやヤクルトなどは「乳酸菌」が保健機能成分なので、十分な数の乳酸菌が生きたまま食品に含まれていることが求められる。乳酸菌が

特定保健用食品	保健機能成分(一部のみ)
おなかの調子を整える	大豆オリゴ糖、乳果オリゴ糖、寒天由来の食物繊維、難消化デキストリン、ビフィズス菌、乳酸菌
血圧が高めの方に適する	カツオ節オリゴペプチド、ラクトトリペプチド、大豆ペプチド
コレステロールが高めの方に適する	キトサン、食物ステロール、大豆タンパク質
血糖値が気になる方に適する	L-アラビノース、小麦アルブミン
ミネラルの吸収を助ける	ヘム鉄、CPP(カゼインホスホペプチド)
食後の血中の中性脂肪を抑える	ジアシルグリセロール
虫歯の原因になりにくい	茶ポリフェノール、パラチノース
歯の健康維持に役立つ	キシリトール、カゼインホスホペプチド-非結晶リン酸カルシウム複合体
体脂肪がつきにくい	ジアシルグリセロール
骨の健康が気になる方に適する	大豆イソフラボン、乳塩基性タンパク質

表5.4　**特定保健用食品の機能**

保健機能成分とされていることは、乳酸菌は世間で「善玉菌」と言われているだけでなく、本当におなかに良いことが科学的に認められていることを意味している。

国家のお墨付きである特定保健用食品の認可にともなう審査は、内閣府に所属する食品安全委員会で厳格に実施されており、個別の保健機能成分について必要とされる次の①〜③の実証データを揃えて申請する。

①食経験　これまでに多くの人々が安全に食べてきた事実。
②試験管内および動物試験　細菌を用いた突然変異誘発試験、培養細胞を用いた染色体異常試験、ラットを用いた90日間反復経口投与試験。
③ヒト試験　健常者および有症者を対象とした12週間連続摂取試験、4週間連続過剰摂取試験（通常の3〜5倍量摂取する）、薬剤との併用について。

①食経験と②試験管内および動物試験は、安全性を確認するために必要とされる情報である。②のデータを揃えるだけでも大変であるが、③ヒトによる臨床試験では、成分の有効性と安全性を証明するデータを集めるために膨大な時間と費用を要するため非常にハードルが高く、大企業でなければ対応は難しい。

そこで、国家による審査を実施しない代わりに、事業者の責任において科学的な根拠に基づいて機能性を表示できるように2015年に制定されたのが機能性表示食品である。科学的な根拠は「ヒト試験」に限らず、査読付きの論文などでも許される点で大きくハードルが低くなっている。科学的根拠の情報は届け出時にウェブ上で公開されるルールなので、誰でも検証することができる。

トクホにも機能性表示食品にも該当しないいわゆる「健康食品」については、機能についての保証も確認もない。機能や効能を表示することは許されていないため、イメージを連想させる広告しかできない。このような健康食品は、いくら高価であってもその利用は自己責任となるので、消費者も業者の情報を鵜呑みにしないように賢くならなければならない。

日本は食品の機能性や安全性審査のハードルが高く費用がかかるため、審査の申請が断念され、効能が認められているのに単なる健康食品として扱われているものもある。西洋ハーブなどはEUでは薬効があって医薬品として認められているが、日本では健康食品として流通している。

発酵食品については、ヨーグルトなどの発酵性乳製品を除くと、機能性食品とされているものは多くはない。それでは、発酵食品は健康に良いというイメージに根拠はないのだろうか。

じつは、発酵食品は食材と微生物が複雑に絡み合ってさまざまな成分を生成しているため、機能性の元となる「保健機能成分」を特定しなければならない「トクホ」の制度にはあまり向いていない。詳しく調べればさまざまな効能が見いだされると思われるが、味噌や漬物など身近な発酵食品の多くは中小のメーカーが、昔ながらの手法を守って作り続けてきた食品の信用により顧客を獲得している。このように顧客と向き合って来たメーカーは、そもそも「トクホ」の申請など考えもしないだろう。現実には、「トクホ」などの表示が大きなメーカーの販売戦略の一環としてなされていることを考えると、機能性にこだわる必要がどこまであるのか疑問になってくる。信頼で結びついた発酵食品に、国家のお墨付きなど必要ないのではないだろうか。

腸内フローラ

快食快便は健康の印。おなかの調子が良ければ今日も一日元気いっぱい。反対に、おなかの調子が悪いと元気が出ないし辛抱もきかず、何をやっても上手くいかない気分になる。「腸内フローラ」は最近はやりの研究分野のひとつであり、腸の健康が日々の営みや長寿に欠かせないことが次々に明らかにされつつある。

ヒトの腸内にはほぼ100兆個という膨大な数の微生物が棲み着いており、その種類は300種におよぶ。このような腸内の微生物の大群を「腸内フローラ」といい、腸の健康に決定的な影

	細菌	主な働き
善玉菌	乳酸菌、ビフィズス菌など	・腸内フローラのバランスを整える ・腸の運動を活発にし、便秘や下痢を防ぐ ・免疫力を高める ・ビタミンを合成する
悪玉菌	ウェルシュ菌、ブドウ球菌、毒性大腸菌など	・アンモニアやインドールなどの腐敗物質や発がん性物質を作る ・腸の運動を阻害し、便秘の原因となる ・免疫力を弱める
日和見菌	大腸菌、バクテロイデスなど	・ビタミンなどの有用物質を合成する ・増えすぎると有害物質を作る

表5.5　善玉菌と悪玉菌

響を及ぼす。さらに、腸内にどのような種類の細菌がどれだけ活動しているかは、個人により民族により大きく異なることも判明している。

流行の言い方で、身体に良い働きをする細菌を「善玉菌」、悪い働きをする細菌を「悪玉菌」とすると、乳酸菌はビフィズス菌とともに典型的な善玉菌とされ、腸の運動を活発にして便秘や下痢を防ぐ整腸効果が知られている（表5・5）。整腸効果は多数の実証データにより科学的に証明されているので、ヨーグルトやヤクルトなど生きた乳酸菌やビフィズス菌を含む発酵乳製品が「トクホ」として承認される根拠となっている。発酵乳製品を日常的に摂取している地域の多くが長寿村などとして知られ、実際にブルガリアの村から良質の乳酸菌がヨーグルトなどの原料として取り寄せられている。

悪玉菌の代表格はウェルシュ菌とよばれるクロストリジウム・パーフリンジェンスという学名の耐熱性の胞子を作る絶対嫌気性の桿菌である。一般に、悪玉菌は腸内で腐敗物質とされる窒素化合物を生成し、腸の運動を阻害して便秘傾向にする。腐敗物質には発がん性の物質も含まれるため、悪玉菌が増えると大腸がんになりやすくなると考えられる。ウェルシュ菌は食中毒やガス壊疽《えそ》などを引き起こす凶悪な細菌だが、健康なヒトの腸内にはほとんど見いだされない。しかし、悪玉菌仲間のクロストリジウム属細菌が増えるとウェルシュ菌も出現する。腐敗物質には悪臭を放つ硫化水素やインドールが含まれるため、オナラの臭いが臭くなったと感じたら要注意であろう。

腸内細菌の大部分はバクテロイデス属細菌などのような日和見菌であり、とくに良いことも悪いこともしない。それでも特定の細菌が増えすぎると有害物質を作ることがあるので、あくまでも腸内フローラのバランスが重要である。母乳が唯一の栄養源である新生児の腸内フローラは、ビフィズス菌や乳酸菌などの善玉菌が圧倒的に優勢だが、離乳食を食べるようになると日和見菌や悪玉菌が増え始める。腸内フローラは年齢とともに変遷し、40～50代になると乳酸菌の割合が減少し悪玉菌が優勢になりやすくなるので、食生活に注意が必要である。

各国の人々の腸内フローラの研究から、日本人は乳酸菌の割合が多く大腸菌の割合が少ないことが判明している。日本人が長い平均寿命を享受できるのは、この乳酸菌のおかげと考えても良いだろう。良好な腸内フローラは長期の食習慣により培われるものであり、世界的にも和食が見直されているが、残念ながら近年の日本では食習慣の変化により大腸がんが増加傾向にある。ちなみに、最も健康的な和食は１９７５年頃の一汁三菜とする報告がある。食の欧風化は栄養豊富でバラエティーに富み、食事を楽しくすることから必ずしも悪いこととは思わないが、発酵食品をさりげなく使った和食の良さが失われていくのは、なんとも寂しいことである。

２０１５年の特定保健用食品は約６０００億円の市場であるが、その約半分が整腸作用を謳うものである。整腸作用の保健機能成分は乳酸菌と食物繊維が主なものであるが、野菜を乳酸発酵させた漬物にはどちらも豊富に含まれている。日本全国の漬物について保健機能成分を調査すれば、その多くが機能性食品の条件をクリアすると思われる。腸内フローラは日々の食事により少しずつ気長に改善して行くしかない。肉食を控えめにし、漬物や野菜で乳酸菌と食物繊維を確保する昭和の一汁三菜を食べることにより、健康な腸内フローラを育て、快食快便をめざすのが日本人の知恵ではないだろうか。

プロバイオティクス

乳酸菌には、グルタミン酸を分解してγ－アミノ酪酸（ＧＡＢＡ）を生産するものがある。Ｇ

ABAは生体内では抑制性の神経伝達物質であり、血圧降下作用やストレス低減作用が知られている。GABAを含む食品の摂取により実際に血圧降下が認められることから、乳酸菌の機能性の一環として盛んに研究が行われている。美味しい漬物を食べると気分が落ち着くのも、気のせいではないかもしれない。

乳酸菌などの摂取により腸内フローラを人為的に改変する効果については、現在も盛んに議論されているが、結論は得られていない。摂取した乳酸菌がpH1・2前後の強い酸性環境の胃を通過してどの程度腸に到達できるか、腸に到達した乳酸菌が増殖・定着して腸内フローラを改善することが可能かどうかなど、見極めるべき点は多い。

一方で、発酵乳の整腸効果は古くから知られており、前述の通り、乳酸菌を含むヨーグルトなどに科学的根拠が要求される特定保健用食品（トクホ）として食品の機能の表示が認可されている。ヨーグルトの便通改善効果については、わずかな投資により誰でも簡単に試すことができる。おなかの不調に悩む人には、一度試してみることをお勧めしたい。

このように腸内フローラのバランス改善を目的とした製品のうち、乳酸菌などの細菌を生きたまま含む食品を「プロバイオティクス」という。一方、生きた細菌は含まないが、善玉菌が利用するオリゴ糖などの栄養素を含む食品は「プレバイオティクス」とよばれ、健康食品として販売されている。

チーズ

チーズの種類と製法

牛乳などを凝乳酵素で固めて作るチーズを発酵食品というと、どこに微生物の出番があるのかと思うことだろう。チーズはれっきとした発酵食品であり、凝乳前のスターターの過程と熟成の過程で微生物のお世話になっている。チーズは牛乳などの栄養分を保存するために造られてきたものであり、欧州各国では伝統的な主要産業のひとつとして、各地でさまざまな特色あるチーズが造られている（図5・7、表5・6）。

日本では厚生労働省の「乳及び乳製品の成分規格等に関する省令」（乳等省令）により、チーズはナチュラルチーズとプロセスチーズに分けられている。ナチュラルチーズは乳のタンパク質を凝固させた凝乳から乳清を除去して熟成したものであり、海外の伝統的なチーズなどがこれにあたる。微生物や酵素が生きているので、保存中にも熟成が進んでいく。一方、プロセスチーズ

図5.7　**各種のチーズ**
左から、ゴルゴンゾーラ、ミモレット、カマンベール。

チーズのタイプ	熟成法	
軟質	非熟成 カビ熟成	モッツァレラ、カッテージ、クリーム カマンベール、ブリー
半硬質	細菌熟成 カビ熟成	マリボー、ゴーダ ロックフォール、ゴルゴンゾーラ
硬質	細菌熟成	エダム、チェダー、エメンタール
超硬質		パルミジャーノ

表5.6　**チーズのタイプ別熟成法と種類**

はナチュラルチーズなどを加熱・溶解、乳化して成形したものであり、スーパーなどで市販される6ピースのチーズやスライスチーズなどはプロセスチーズである。加熱・溶解の過程で酵素が失活するので熟成の進行が停止し、品質が安定する。日本では、イギリス原産の濃厚な味わいのチェダーチーズやオランダの円盤状のゴーダチーズなどが輸入され、プロセスチーズに加工されている。

一般的なチーズの製造では、牛乳を殺菌した後にスターターとよばれるラクトコッカス・ラクティスなどの乳酸菌を加える。乳酸発酵により、pH6・3程度になったところで凝乳酵素（レンネット）を添加すると、牛乳が凝固してカードとよばれる凝固乳となる。カードを切断し、乳清（ホエー）とよばれる上澄みを分離して型詰する。1リットルの牛乳から、そのタンパク質と脂質を濃縮したチーズが約0・1キログラムできる。ここに食塩などを加えて熟成させる（図5・8）。

熟成の手順や製法と関与する微生物はチーズの種類によりさまざまであり、数週間で熟成が完了するものから1年以上かかるものまである。形状も、トロリとした軟質のクリームチーズから、削ってパスタなどに振りかける超硬質のパルミジャーノまで多様性に富んでいる。

チーズの熟成過程では、微生物が生産する酵素によって、タンパク質と脂質が分解されてチーズが柔らかくなるとともに、チーズ特有の香りが醸し出される。フランスのカマンベールチーズ

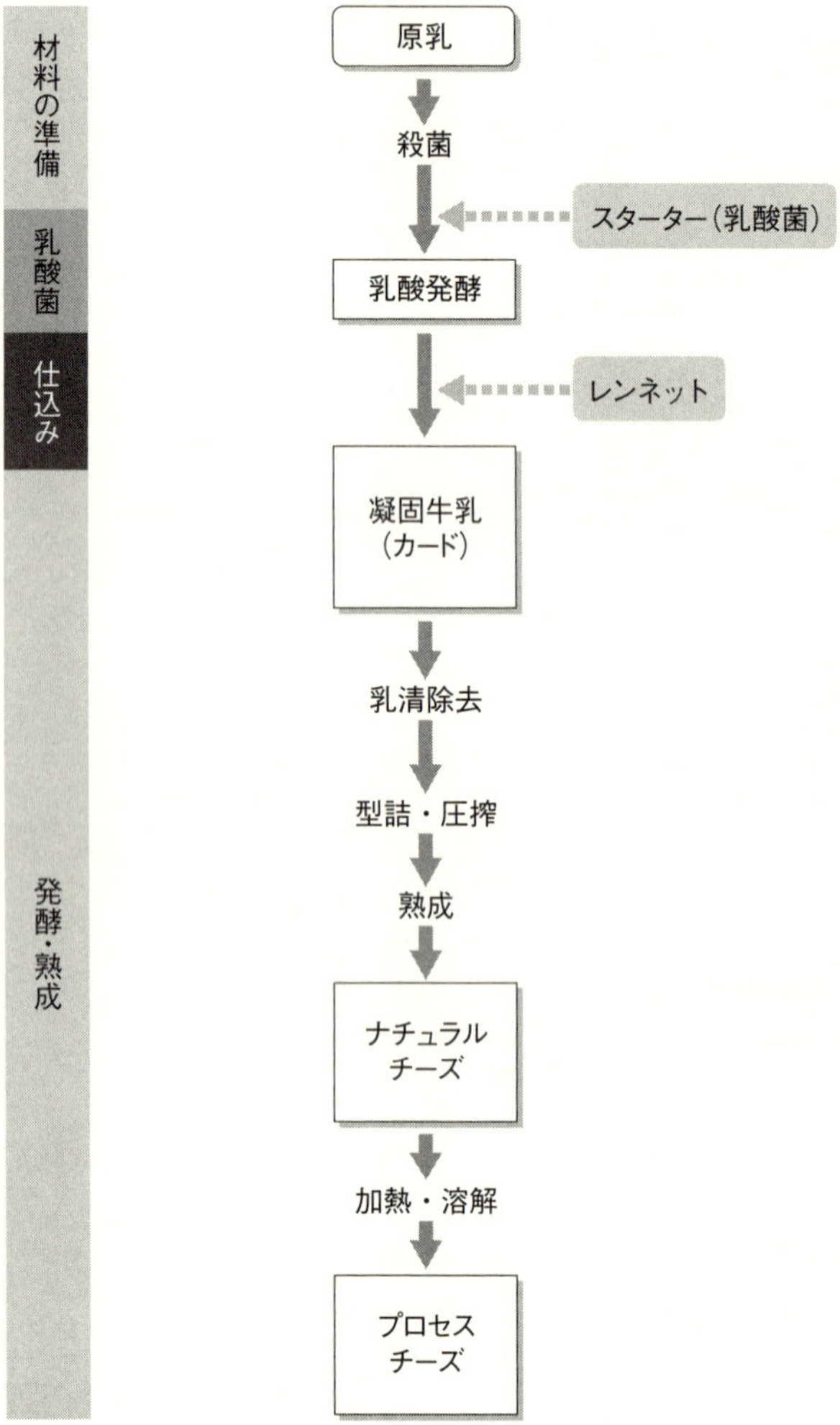
材料の準備
乳酸菌
仕込み
発酵・熟成
原乳
殺菌
スターター（乳酸菌）
乳酸発酵
レンネット
凝固牛乳
（カード）
乳清除去
型詰・圧搾
熟成
ナチュラル
チーズ
加熱・溶解
プロセス
チーズ

図5.8　**チーズの製法**

は日本でも人気で、比較的熟成の過程が分かりやすい。18世紀末にフランスのマリー・アレルが開発したとされるカマンベールは、白カビのペニシリウム・カマンベルチを吹き付けて造る軟質チーズである。熟成の初期では内部は弾力があり芯が残っているのでサクッとナイフが入るが、熟成が進むと徐々に柔らかくなり、皮が固くなって内部がトロリと溶けだし、濃厚な風味と匂いを発するようになる。熟成が進みすぎるとアンモニア臭を発して食べにくくなるので、注意が必要である。

このように、ナチュラルチーズには適正な熟成期間と食べ頃が存在する。一般に、軟質のチーズは熟成期間も賞味期限も短く、カマンベールの場合は4～8週間が食べ頃であるが、硬質のチーズは1年程度の熟成期間を要する。

欧米ではカビを利用する食品は珍しいが、チーズは数少ない例外である。フランスのロックフォールチーズやイタリアのゴルゴンゾーラは、製造中に青カビのペニシリウム・ロックフォルテなどを混入するので、内部からカビが繁殖して独特の大理石のような模様と風味を持つ。塩味と臭みが強く、好みが分かれるところであるが、赤ワインと非常に相性が良い。

凝乳酵素をめぐって

ヨーグルトを絞ってもチーズにはならない。チーズの製造には、牛乳に含まれるカゼインを効率よく固めるレンネットが必要である。レンネットは仔牛の消化酵素の混合物であり、主成分はキモシンとよばれる酵素である。仔牛は乳離れをして草を食べ始めるとキモシンをほとんど作らなくなってしまうので、レンネットを得るためには1歳未満の仔牛を殺さなくてはならない。

そこで、チーズの生産量を増やすために代替酵素が探索され、ケカビの一種ムコール・プシルスが同様の作用を持つ酵素を作ることが発見された。これによりチーズの大量生産が容易になったが、微生物由来のレンネットは耐熱性やカゼイン分解性などの性質が仔牛のレンネットとやや異なるため、チーズに苦味を生じるなどの欠点があった。やがて、1980年代に仔牛からキモシンの遺伝子が分離され、黒カビなどを宿主とした遺伝子組換え技術により、仔牛のレンネットと同じ品質を持つレンネットの大量生産が可能になった。

レンネット確保のため、チーズ製造に対する遺伝子組換え技術の導入と普及は早く、日本で最初に販売された遺伝子組換え食品は、1994年に上陸した遺伝子組換えレンネットを用いたチーズである。現在では全世界のチーズの大部分が、遺伝子組換えレンネットを用いて製造されている。

伝統的な発酵食品に遺伝子組換え技術は似つかわしくないと考える読者もいると思われるが、仔牛を犠牲にすることを考えるとやむをえないのではないだろうか。遺伝子組換え食品としては、とくに大豆とトウモロコシが全世界で広く栽培され、２０１６年の時点では、それぞれ全世界の大豆の約80％とトウモロコシの約30％については遺伝子組換え作物が栽培されている。日本では栽培は行われていないが、膨大な量の遺伝子組換え大豆とトウモロコシが輸入されている。日本は世界で最も厳しい基準で遺伝子組換え食品の安全性審査を実施しており、安全性について心配する必要はないと考えられる。ただ、食品は口に入るものだけに、個人的な安心と気分的な問題については根本的な解決は難しいかもしれない。

第6章

ひと味加える調味料と小麦生地の発酵

食酢

人類は有史以前から酒を造ってきた。入手できるブドウや穀物から酒を醸して酔い痴れるとともに、より美味しい酒を造るために膨大な時間と労力を費やしてきたが、せっかく造った酒がいつの間にか酸っぱくなって飲めなくなることも珍しくなかったはずだ。やがて、酸っぱくなった酒には食物が腐るのを防ぐ効果があり、調味料としても使えることに気がついたことだろう。食酢は英語でビネガー（vinegar）というが、語源は「酸っぱいワイン」であり、食酢が古くなったワインから生まれたことを示している。これは、酒に含まれるアルコールが、酢酸菌の働きによって酢酸に変化したためである。食酢は酢酸を主成分とした酸性の調味料であり、市販の食酢には酢酸が4〜5％含まれている。

食酢は食塩とともに最も古くから人類に利用されてきた調味料と考えられる。紀元前5000年のバビロニアの記録には醸造酢（ビネガー）が記され、紀元前3000年頃には商業生産も行われていたとされる。日本には、4世紀頃に酒の醸造法とともに食酢の醸造法が伝来している。当時は辛酒《からざけ》とよばれ、酒の一種として宮廷料理などに用いられていたが、量産されて庶民の間で食酢が使われるようになったのは江戸時代である。歳時記によると「酢造る」は晩夏の季語であり、冬期に造られた酒を原料にして、酢酸菌が好む夏の気候の中で食酢が造られていたことが分かる。

単発酵と並行複発酵

食酢は、酒に含まれるアルコールが酢酸菌により酢酸に変換される酢酸発酵により造られるので、酒を醸造する原料の果物や穀物はいずれも食酢の原料となりうる。

酒は、酵母が糖分をアルコールに変換することにより醸造される。原料が果汁か穀類かの違い、さらに穀類を糖分に変換する方式の違いにより、伝統的にさまざまな醸造方式が採用されている（図6・1）。

①単発酵

ブドウ果実を原料として造られるワインは、ブドウ果汁に糖分が含まれているので、ワイン酵母が直接果汁をアルコール発酵してワインができる。製法が単純なため、原料のブドウの品質がストレートにワインの味に反映される特徴がある。

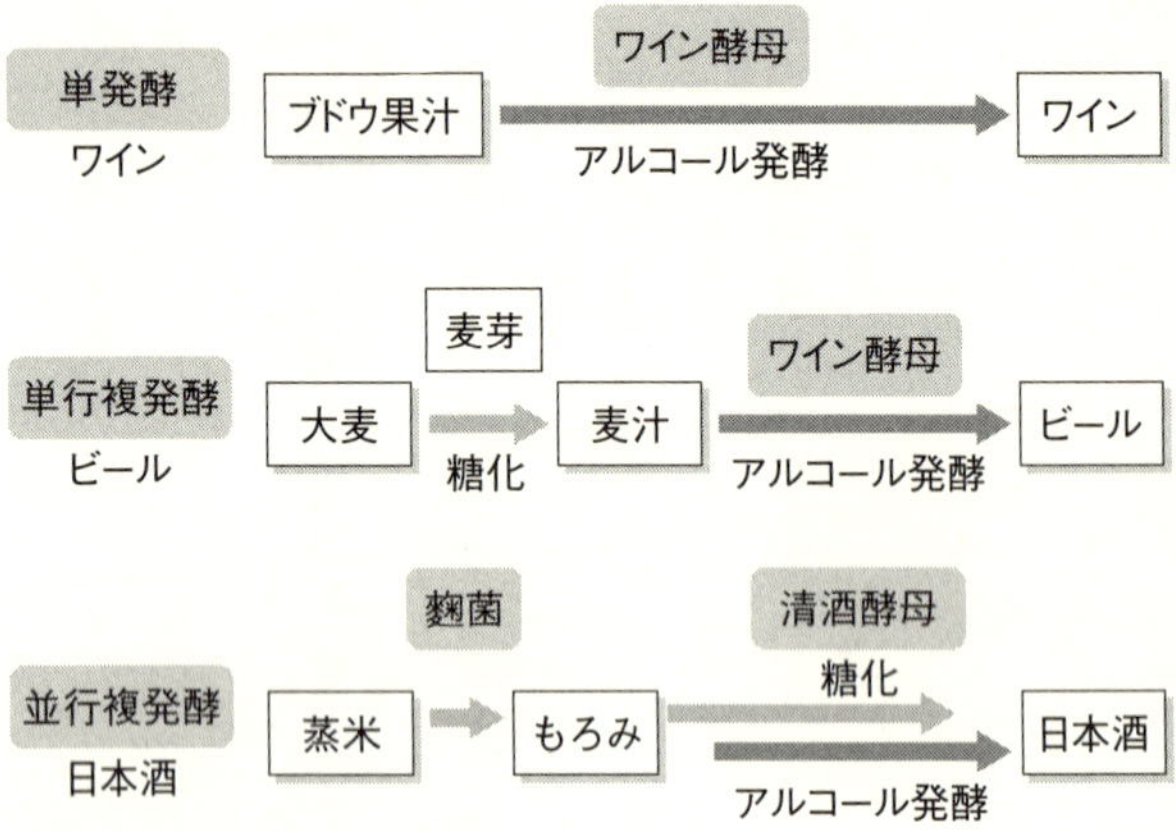

図6.1　**単発酵と複発酵**

②単行複発酵

酵母はデンプンを糖分に分解することができないので、穀物を原料にして酒を造るときには、アルコール発酵の前にデンプンを糖分に分解しなければならない。ビールの醸造工程では、麦が発芽するときに産生するアミラーゼという酵素を利用して麦のデンプンを分解し、糖分に富む麦汁を造る。麦汁に苦みの素となるホップとビール酵母を加えてアルコール発酵を行い、熟成させるとビールができる。糖化の工程が完了してからアルコール発酵を開始する点が特徴である。

③並行複発酵

日本酒の醸造では、蒸米に麹菌を繁殖させ、清酒酵母とともに仕込んでもろみを造る。もろみの中では、麹菌が残したアミラーゼが蒸米のデンプンを糖分に分解し、同時に清酒酵母が糖分をアルコールに変換する。糖化の工程とアルコール発酵の工程が同時進行することから、並行複発酵とよばれる。工程が複雑で、技術により製品の品質が大きく左右される。糖分による浸透圧の上昇が抑えられるため、最終アルコール濃度が20％を超える酒の醸造が可能であるが、製品のアルコール分は14～16％に抑えられている。

蛇足だが、ワインを蒸留したものはブランデーとよばれ、ビールを蒸留するとウイスキーとなり、日本酒を蒸留したものは焼酎（米焼酎）となる。

さまざまな醸造方式で造られた酒は、古来より人々に酔い心地と幸福感をプレゼントするとともに、一部が食酢となって食卓を彩ってきた。ワインから造られる食酢はワインビネガー、ビールの原料の麦芽から造られる食酢はモルト酢、清酒から造られる食酢が米酢である。現在では飲用の酒を食酢製造に用いるわけではなく、最初から食酢醸造用に原料が処理されるが、アルコール発酵の段階までの基本的な造り方は変わらない。

図6.2　**いろいろな食酢**
左から米酢、リンゴ酢、黒酢、赤ワインビネガー、バルサミコ酢。

食酢の種類

日本農林規格（JAS）では、「醸造酢」は「酢酸発酵させた液体調味料であって、氷酢酸や酢酸を使用しないもの」と定義されている。化学合成された氷酢酸を混合した食酢は「合成酢」となるが、現在では製造販売される食酢のほとんどが醸造酢である（図6・2、表6・1）。

食酢には4％程度の酢酸が含まれているが、純粋な4・5％の酢酸水溶液はツンと鼻を刺すような匂いのするpH2・4の水溶液であり、非常に強いトゲトゲした酸味を持つ。食酢には酢酸以外にも糖分やアミノ酸などさまざまな成分が含まれるため、酸

醸造酢	定義	酸度
穀物酢	醸造酢1Lにつき、穀物を40g以上使用したもの	4.2%以上
果実酢	醸造酢1Lにつき、果実の搾汁を300g以上使用したもの	4.5%以上
米酢	1Lにつき、米を40g以上使用した穀物酢	4.2%以上
米黒酢	穀物酢のうち1Lにつき、米を180g以上使用し、発酵および熟成により褐色または黒褐色に着色したもの	4.2%以上
リンゴ酢	1Lにつき、リンゴ搾汁を300g以上使用した果実酢	4.5%以上
ブドウ酢	1Lにつき、ブドウ搾汁を300g以上使用した果実酢	4.5%以上

JAS規格（最終改正2016年2月）

表6.1　食酢のJAS規格

食酢は年間約40万kL生産され、そのうち穀物酢は約17万kL、果実酢は約2.5万kLである（全国食酢協会中央会、2015年）。食酢には酢酸以外の有機酸も含まれるので、酸度と酢酸濃度は一致しない。

性度が緩和されている。比較的含有成分の少ない穀物酢は酢酸3・9％でpH2・6程度だが、濃厚な米黒酢は酢酸4・3％でpH3・3程度である。

食酢には原料のアルコールが0・2〜0・3％残っていて、食酢の香りを構成している。また、米酢や米黒酢にはグルコースなどの糖分が5〜6％含まれているため、ほんのり甘く、酢酸のトゲトゲしさが緩和されている。リンゴ酢やブドウ酢には、果物に由来するリンゴ酸などの有機酸が含まれ、フルーティーな香りが保たれている。

①米酢・穀物酢

米酢は米を原料とした日本特有の醸造酢であり、透明度が高く微かに黄金色がかっている。ほんのり甘く、コクのある旨味とまろやかな味わい、スッキリとした香りが特徴である。寿司などの和食に良く調和し、酢の物や酢味噌など酢の味と香りを楽しむ料理に適している。ただし、酢酸は揮発しやすいので、加熱する料理では米酢の香りが飛んでしまう。

一方、小麦やトウモロコシなどを原料とする穀物酢は安価でさっぱりとした酸味が特徴なので、煮物や中華料理などの火を通す料理に向いている。油との相性が良いので、サラダのドレッシングなどにも適している。

②リンゴ酢

果実酢のうち、とくにリンゴ果汁を原料とするものはリンゴ酢、ブドウ果汁を原料とするものはブドウ酢と規定されている。透明で黄色味がかったリンゴ酢は、日本では甘く完熟したリンゴを原料とし、酵素剤によりペクチン質を分解して清澄化してからアルコール発酵と酢酸発酵を順次行って製造する。リンゴの上品な香りと、リンゴ酸などのため酸味が和らげられることから、洋風料理のドレッシングやソースの材料として重宝される。

③米黒酢

通常の米酢は精米を原料とするが、黒酢は玄米を原料として時間をかけてじっくりと発酵・熟成させて造る。鹿児島県霧島市福山町周辺で壺を用いて造られる黒酢は福山黒酢とよばれ、独自の製法により糖化とアルコール発酵と酢酸発酵がひとつの壺の中で進行する。デンプンの分解により生成した糖分（5〜6％）と米糠に由来するアミノ酸（約0・5％）が、長い熟成の過程でメイラード反応により黒褐色に着色する。酢酸の濃度は米酢と変わらないが、味ははるかにまろやかであり酸味を感じさせない。米黒酢には米酢の約5倍のアミノ酸が含まれるため、醤油と同様のマスキング効果が発揮され、トゲトゲした酸味が大幅に緩和されている。

米黒酢は調理にも用いられるが、まろやかな口当たりから健康飲料として直接飲用されることが多い。

④ワインビネガー

ワインを酢酸発酵させて造るワインビネガーは、日本ではブドウ酢に分類される。原料のブドウにより赤ワインビネガーと白ワインビネガーがある。白ワインビネガーは緑色のブドウを破砕し、果汁だけを使ってアルコール発酵を行う。赤ワインビネガーは、赤色または黒色のブドウを破砕し、色素を抽出するために果汁に果皮を加えてアルコール発酵する。飲用のワインとは異なり、ワインビネガー醸造用では果汁を60～70℃に加熱して殺菌し、タンパク質やコロイド成分を凝固させて除いてから発酵を行う。

ワインビネガーはタンパク質の成分が少なく、ブドウに由来する酒石酸が多く含まれるため、ワインのような香りと渋味がある。酒石酸には整腸作用が知られている。さらに、赤ワインビネガーにはポリフェノールが含まれるため、血中コレステロールを低下させて心血管疾患を低減させる効果があるとされる。

白ワインビネガーは渋味が少なくスッキリした味わいから、ドレッシングやマリネに好適である。一方、渋味のある赤ワインビネガーは肉の煮込み料理などに旨味とコクを添える。

⑤バルサミコ酢

バルサミコ酢はイタリア特産の濃厚な黒褐色のワインビネガーである。近年の急速な販売拡大により世界中で注目を浴び、伝統的な高級品から類似の普及品までさまざまなタイプが出回っている。イタリアの法律に定められるモデナ産とレッジオエミリア産の伝統的なバルサミコ酢は、保存料や添加物が厳密に制限され、トレッビアーノ種の白ブドウの果汁をろ過して煮詰め、木製の樽で12年以上発酵・熟成して造られた高級品である。数年以上の熟成を経て丁寧に造られたバ

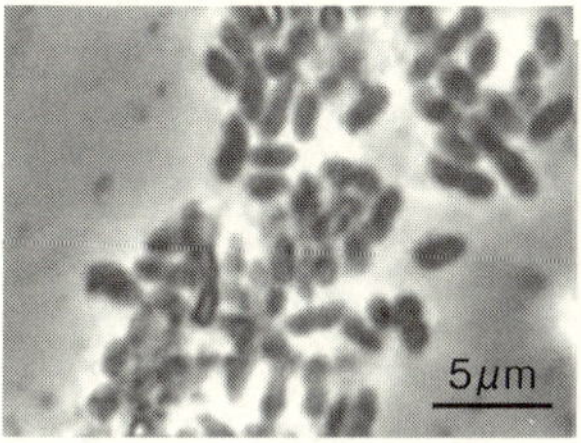

アルコールから酢酸を生成する酢酸菌アセトバクター・アセチ。

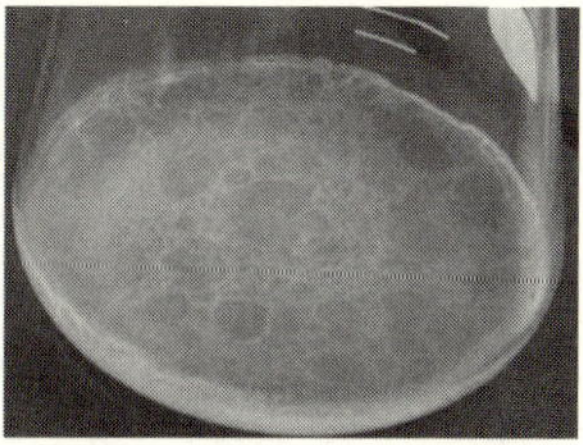

培地に日本酒を加えて培養した酢酸菌。水面に菌膜を形成している。

図6.3　酢酸菌

ルサミコ酢は、豊かな香りをもつトロリとした黒色の酢であり、まろやかな甘味と穏やかな酸味が複雑なバランスを保っている。肉料理にも魚料理にも合う逸品である。

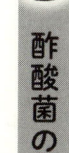

酢酸菌の働き

酒に含まれるエタノールを酸化して酢酸に変換する酢酸菌は、好気性の短桿菌であり、耐酸性にすぐれるためpH5以下でも生育可能である。食酢醸造に用いられる代表的な酢酸菌アセトバクター・アセチは、自然界では植物性の糖分が多い環境で酵母と共存することが多い（図6・3）。酢酸発酵には多量の酸素が必要なので、水面に菌膜を張って生育する。

酢酸菌の中には非常に細いセルロースの繊維を生成するものがある。ココナッツミルクに酢酸菌アセトバクター・キシリナムを生育させると、セルロース繊維のためプリプリした歯ごたえのある塊ができる。これが1990年代にブームとなったデザートのナタ・デ・ココである。酢酸菌が生産するセルロースは、綿などの植物由来のセルロース繊維の100分の1程度の太さであり、非常に弾性に富んだシートができるため工業的な用途も検討されている。

食酢の製法

米酢のように穀類を原料として食酢を造るときには、①糖化、②アルコール発酵、③酢酸発酵の3段階の発酵工程が必要である（図6・4、図6・5）。

糖化は、穀類に含まれるデンプンを糖分に分解する反応（図6・4①）である。米を蒸して麹菌を繁殖させ、麹菌が胞子を形成する前に水で仕込む。麹菌が生産した酵素アミラーゼがデンプンを糖分に分解する。穀物酢などでは必要に応じて酵母を添加する。生成した糖は、酵母によりエタノールに変換される。

アルコール発酵の反応式（同②）は、180グラムのグルコースから92グラムのエタノールが生成することを示している。すなわち、糖濃度の約半分の濃度のアルコール溶液が生成し、残りの88グラムは二酸化炭素となって大気中に放出される。実際は、糖分の2割程度は酵母に消費されるので、生産されるアルコールは75グラム程度である。アルコールの比重は0・795なの

①糖化＜麹菌のアミラーゼ＞

$(C_6H_{10}O_5)_n + nH_2O \dashrightarrow nC_6H_{12}O_6$

デンプン ＋ 水 ⟶ 糖（グルコース）

②アルコール発酵＜酵母＞

$C_6H_{12}O_6 \dashrightarrow 2C_2H_5OH + 2CO_2$

糖（グルコース）⟶ エタノール ＋ 二酸化炭素

③酢酸発酵＜酢酸菌＞

$C_2H_5OH + O_2 \dashrightarrow CH_3COOH + H_2O$

エタノール ＋ 酸素 ⟶ 酢酸 ＋ 水

＜分子量＞

グルコース	$C_6H_{12}O_6$=180
エタノール	C_2H_5OH=46
二酸化炭素	CO_2=44
酸素	O_2=32
酢酸	CH_3COOH=60

図6.4　**食酢醸造の化学反応**

で、1リットルのアルコールを生産するためには約2キログラムの砂糖が必要という計算になる。アルコール発酵の工程に酸素は必要ないので、雑菌の混入とアルコールの蒸散を防ぐため通気を制限して培養する。

一方、酢酸発酵は大量の酸素を必要とする。酢酸発酵の反応式（同③）は、酢酸菌が46グラムのエタノールに対して32グラムの酸素を使って、60グラムの酢酸を生成することを示している。1リットルのアルコールを酢酸に変換するためには、約2000リットルの空気が必要となる計算である。このように、アルコール発酵と酢酸発酵は、通気条件がまったく異なるため、食酢の醸造工程ではアルコール発酵が終了し

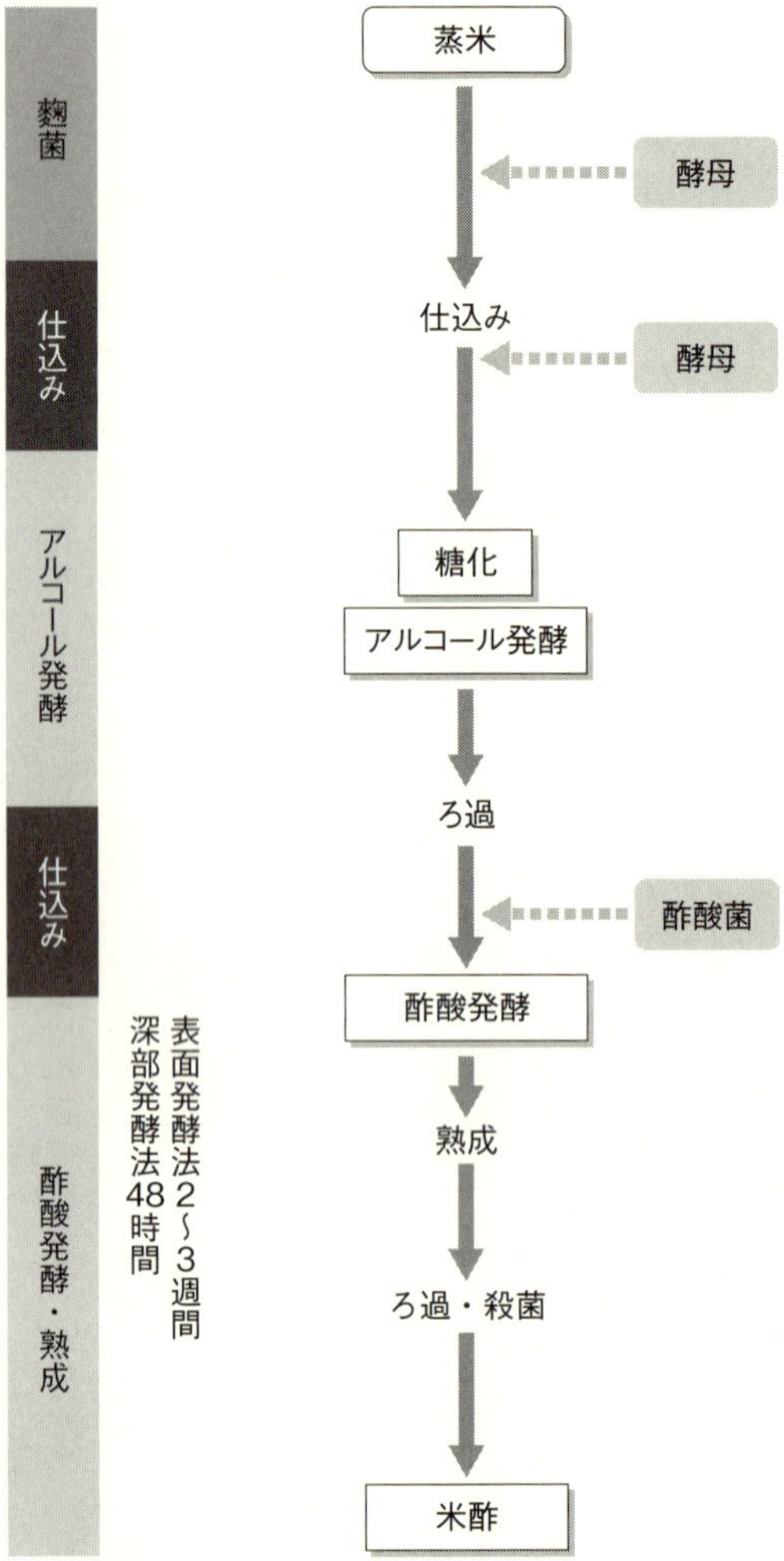

麹菌
仕込み
アルコール発酵
仕込み
酢酸発酵・熟成
表面発酵法2～3週間
深部発酵法48時間
蒸米
酵母
仕込み
酵母
糖化
アルコール発酵
ろ過
酢酸菌
酢酸発酵
熟成
ろ過・殺菌
米酢

図6.5　**米酢の製造法**

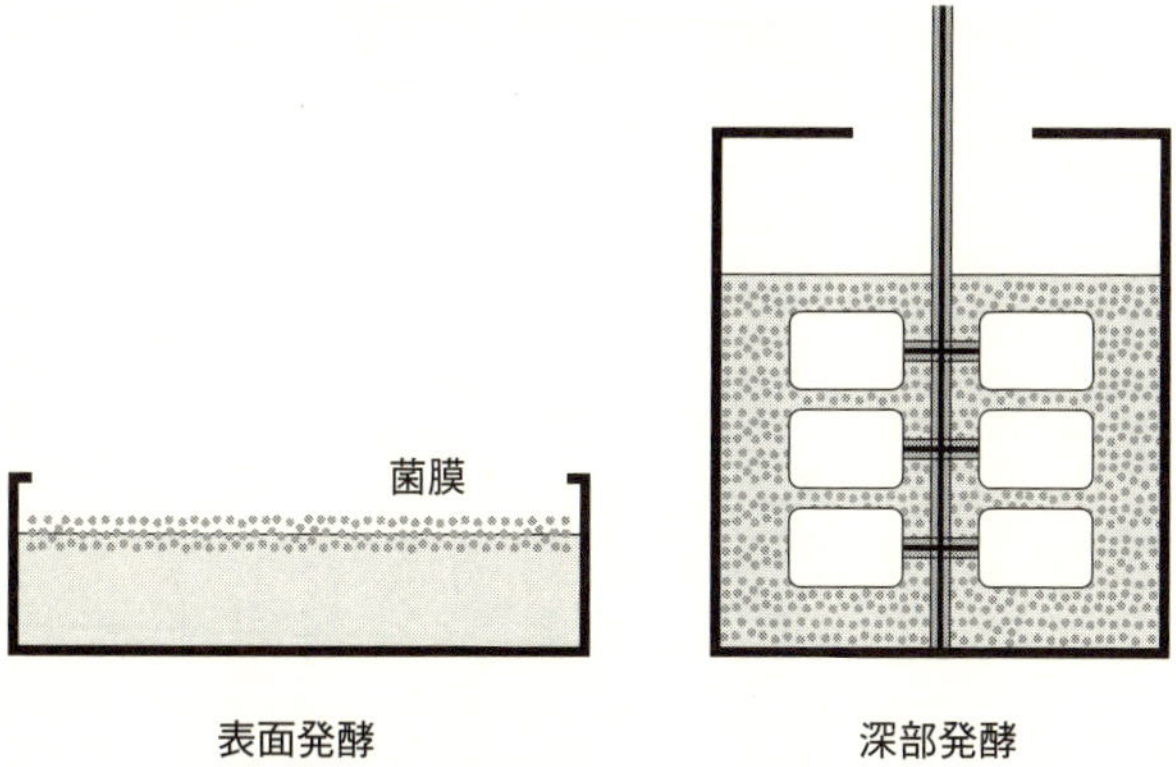

図6.6　表面発酵法と深部発酵法

表面発酵：伝統的な表面培養では浅い容器に酒を注いで種菌を植えると、表面に酢酸菌の菌膜が張って酢酸発酵が進む。
深部発酵：深い培養槽を用いて高速で攪拌することにより、空気を送り込んで酢酸発酵を促進する。

てから容器を換えて酢酸発酵を行う。

食酢醸造のうち、酢酸発酵の工程は表面発酵法と深部発酵法に大別される。古くから行われてきた表面発酵法は静置発酵法とも言われ、設備費が少なく小規模の生産が可能である（図6・6）。

アルコール発酵が終了したもろみを圧搾ろ過し、30～35℃に加温して酢酸菌を含む種酢を加える。種酢により仕込み時の酢酸濃度を1・0～1・5％として雑菌の混入を防ぎ、浅い発酵槽に移して攪拌せずに静置する。大量の酸素を必要とするA・アセチなどの酢酸菌が水面に菌膜を形成し、2～3週間で酢酸濃度が5％に達する。ろ過して1～2ヵ月熟成させ、再度ろ過・精製して製品とする。浅い開放系の容器を使用するため、雑菌が混入する機会が多く、蒸散により酢酸が目減りするため、発酵管理が技術者の経験や勘によるところが大きく苦労が多い。しかし、製品にコクと香りが生まれ、上質の食酢が生産できることから、小規模の製造業者はほとんどが表面発酵法を採用している。

一方、アルコール溶液に酢酸菌を添加し、プロペラで激しく攪拌して強制的に空気を送り込みながら酢酸発酵を行うのが深部発酵法である。水面だけでなく培養液全体で酢酸発酵が進行するので、発酵速度は格段に速い。小型のタンクで5日程度酢酸菌の前培養を行ってから大型タンクに移し、通気培養約48時間で酢酸濃度13~15%に達したところで、ろ過して希釈・精製し、製品とする。深部発酵法では酢酸菌に非常に強いストレスがかかるため、酸度が高くなると数分間の通気停止で酢酸菌が壊滅的な打撃を受ける。

奇跡の福山黒酢

福山黒酢は玄米を原料とし、鹿児島県霧島市福山町周辺で薩摩焼の壺を用いて造られる琥珀色または黒褐色の食酢で、壺酢ともよばれる。調味料としても用いられるが、一般には健康飲料として飲用されている。

福山黒酢は、先にも触れたとおり、ひとつの壺の中で糖化、アルコール発酵、酢酸発酵の3段

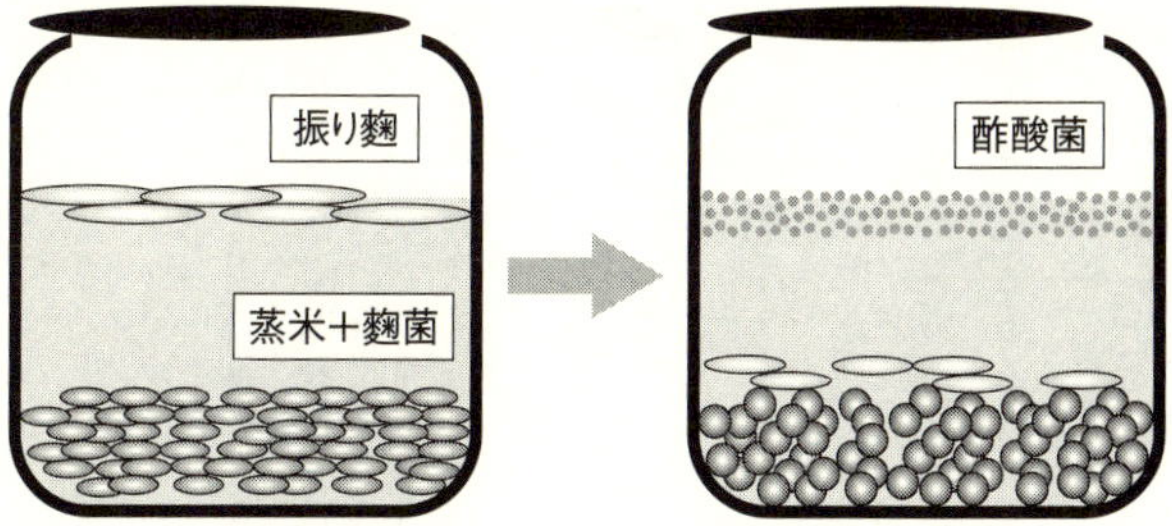

図6.7　福山黒酢の発酵方式

アルコール発酵期：振り麹が水面を覆い、嫌気的に保たれた水面下でアルコール発酵が進行する。
酢酸発酵期：アルコール濃度が高くなると振り麹が沈み、開放された水面に酢酸菌が繁殖して酢酸発酵を行う。

階の反応が進行するという発酵工学の奇跡が実現されている。

春または夏に、容量3斗（約54リットル）の壺に米8キログラム、米麹3キログラム、水30リットルを加えて仕込み、さらに振り麹とよばれる約0・3キログラムの乾燥した米麹を水面に浮くように散布する。振り麹にはまもなく麹菌の菌糸が繁殖して水面を覆う蓋となり、空気を遮断する。1週間もすると振り麹に含まれていた乳酸菌が生育してpHが低下し、雑菌の混入を防ぐとともに、麹菌が産生したアミラーゼにより米のデンプンが分解されて糖分の濃度が上昇していく。糖濃度が約10％に達すると、酵母が生育してアルコール発酵が始まる。乳酸菌はアルコールと乳酸により死滅し、酵母が優勢となる。2〜3ヵ月経過してアルコール濃度が7〜8％に達すると表面張力が低下し、水面を覆っていた振り麹が水中に沈む。水面が開放されると酢酸菌が生育して菌膜を張り、酢酸発酵が始まる。約半年でアルコールがほとんど消費されて酢酸に変換し、以後は熟成期間となる（図6・7）。

振り麹を用いるという匠の技により、空気を遮断するアルコール発酵と空気を必要とする酢酸発酵をひとつの壺の中で順次進行させることが可能になっている。発酵工学の観点では、福山黒酢の発酵方式は世界でも例を見ない希有の技術である。このような奇跡の技を編み出した職人は明らかになっていないが、ぜひ会ってみたかったと思う研究者は私だけではないだろう。

食酢の調理効果

食酢の最大の料理効果は、当然のことながら酸味の付与である。食酢は塩とともに最も古くから人類に利用されてきた調味料である。現代でも味加減を整えることを「塩梅《あんばい》する」と言うが、塩と梅酢が調味料の基本であったことを示している。酸味には唾液の分泌を促進し、食品に清涼感を与えるとともに、甘味や塩味を引き立てる効果がある。そのため、和洋の料理のレシピには食酢を効果的に使用する方法が無数に記載されている。食酢は多芸多才であり、酸味の他にもさまざまな調理効果が知られている。

①殺菌・静菌

寿司には酢飯が欠かせない。食酢に殺菌効果があることは、古来よりよく知られている。冷蔵設備がなかった江戸時代に寿司が庶民の楽しみとなったのも、酢飯を抜きにしては語れない。

食酢の腐敗防止作用としては、現実的には殺菌よりも静菌効果が重要である。「殺菌」とは細菌を死滅させる効果であり、細菌を殺さずとも増殖を抑える効果を「静菌」という。雑菌が許容できないレベルに増殖することが腐敗なので、食品の腐敗防止には静菌できれば十分である。ほとんどの食中毒病原菌は、一度に100万個以上の細菌を摂取しない限り発症することはないので、静菌作用により微生物の増殖を抑えることには非常に大きな意味がある。ただし、大腸菌O－157は例外で、わずか数百個の細菌により発症するため、O－157による食中毒の事例では汚染源を突き止めるのが難しいことが多い。

食中毒を引き起こすセレウス菌、サルモネラ菌、黄色ブドウ球菌、腸炎ビブリオ菌などは、わずか0・1％濃度の酢酸により静菌されることが確認されている。食酢の40分の1の濃度で静菌できることから、夏場の弁当やおむすびには気づかれない程度の食酢が添加され、食中毒の防止に役立てられている。

食中毒の病原菌としてとくに警戒を要するのが、腸炎ビブリオ菌である。腸炎ビブリオ菌は生牡蠣や刺身などの魚介類による食中毒の最大の原因菌である。腸炎ビブリオは汚染された魚介類の摂取により感染し、6～12時間の潜伏期間の後に猛烈な腹痛と下痢に襲われる。死亡率は低いが、2～3日は地獄を見ることになる。

腸炎ビブリオ菌は海水中に常在するので、水揚げされた魚介類への付着は避けられない。そのうえ、最も増殖の速い細菌として知られている。増殖の速さでは代表選手格の大腸菌でも1回の分裂に20分程度必要なのに、腸炎ビブリオ菌は最適条件下では10～12分間で分裂する。さらに、魚介類はもともと生臭いので、病原菌が100万個以上に増殖していても察知するのは難しいという、なんとも厄介な食中毒菌である。ただ、海水はpH8・0～8・3の弱アルカリ性であるため、海水中に常在する腸炎ビブリオ菌は酸性環境に弱く、0・05%の酢酸で静菌できる。

一方、すでに増殖した腸炎ビブリオ菌でも、食酢を醤油やだし汁と合わせた二杯酢にさらせば15秒以内に殺菌できる。サルモネラ菌は腸内細菌であるため抵抗性が強く、二杯酢による殺菌には5～10分かかる。このように、腸炎ビブリオ菌が食酢に弱いのは不幸中の幸いである。

現代では鮮魚の低温流通システムが完備しているが、食酢のおかげで江戸時代から庶民が江戸前の寿司を楽しむことができたのだ。

②ミネラルの溶出

動物の骨はリン酸カルシウムが主成分であり、貝殻は炭酸カルシウムからできている。「日本人の食事摂取基準（厚生労働省2015年版）」によると、成人では1日あたり600〜700ミリグラム、成長期には800〜1000ミリグラムのカルシウムの摂取が推奨されているが、実際の摂取量は推奨量の7〜8割と推定される。一方、骨や貝殻はカルシウムの宝庫でありながら可食部分ではないので、大部分が廃棄されている。

骨や貝殻は、酸性環境下ではカルシウムなどのミネラルが溶出する。炭酸カルシウムを主成分とする石灰岩が、空気中の炭酸ガスを含む弱酸性の水に溶かされて鍾乳洞を生じるのと同じ原理である。そこで、貝や骨付き肉などの食材も、食酢を少々加えて煮込むことによりカルシウムがスープに溶け出してくる。カルシウム補給にはもってこいの調理法である。

③塩分の低減

味噌や醤油を多用する日本食は塩分が多めである。しかし、健康のため単純に減塩すると、なんとも物足りない料理となってしまう。病院食などでは、こうした物足りなさを補うために、香辛料および食酢やレモン果汁などの酸味が利用されることが多い。実際に食塩水に0・15％酢酸を加えて実施した官能試験では、味の強さが約1・7倍に増強されて感じられたという結果が得られており、食酢を上手に使うことにより料理の満足度を落とさずに減塩が達成されることが示されている。

④臭み抜き

魚料理が好きな人でも、魚に特有の生臭い臭いが漂うと食欲が失せてしまうだろう。そもそも、なぜ魚介類は生臭いのだろうか。海水魚や甲殻類の体液の塩分濃度は約1%だが、海水の塩分は3・3〜3・5%なので浸透圧を調整しなければならない。海産性の魚介類の体液には、浸透圧調節物質としてトリメチルアミン－N－オキシドが含まれている。水揚げされると、この物質が細菌などに分解され、トリメチルアミンが生成するが、トリメチルアミンこそが生臭さの正体である。このような悪臭成分の大部分は窒素を含む弱塩基性の化学物質なので、酸性の調味料を用いて中和すると、空気中に揮発できなくなり臭いが消える。

伝統的な調味料である醤油や味噌も、熟成過程の乳酸菌の生育により乳酸を0・5〜1・5%含むので、醤油はpH4・7〜5・0、味噌はpH4・6〜5・2の弱い酸性を示し、一定の臭み消しの効果を有する。しかし、食酢はpH2・6〜3・3ではるかに酸度が高く、そのうえ揮発した酢酸分子がツンと鼻を突くので、臭みの消去効果も抜群である。

食酢を用いた調味料

食酢は食品にしっかりした酸味と風味を与えるために、砂糖、醤油、みりん、鰹節出汁、昆布出汁、柑橘果汁などと組み合わせてさまざまな調味酢（合わせ酢）が工夫され、広く使用されている。代表的な合わせ酢である「すし酢」と「ポン酢醤油」の他にも「甘酢」「二杯酢」「三杯酢」「土佐酢」「松前酢」「梅酢」「ゴマ酢」「南蛮酢」「カラシ酢味噌」など枚挙にいとまがない。

すし酢は、酢に砂糖と塩と昆布を合わせて一煮立ちさせて作る。魚の生臭さを抑えながら旨味を引き出す酢飯があってこその寿司であり、寿司とともに世界に広がる伝統的な日本の合わせ酢である。

一方、食酢にユズ、スダチ、レモン、ライムなどの果汁を混ぜたものがポン酢だが、一般にポン酢といえば醤油や昆布、鰹節、アミノ酸なども合わせたポン酢醤油のことである。日本食の調味料として水炊き、しゃぶしゃぶなどの鍋料理のタレとして欠かせないし、刺身、タタキ、豆腐料理などにも合わせられる。

ポン酢には健康的なイメージがある。実際に官能試験をすると、豆腐を美味しく食べるのにポン酢を使うと、食塩の摂取量が醤油だけを用いた場合の3分の2程度に抑えられたという結果も報告されていて、減塩効果が期待できることが示されている。

どの家庭にも常備されているマヨネーズは、卵黄に食酢と塩と食用油を混合して作られる。マヨネーズは、100グラム当たり70~75グラムの植物性油脂を含むため、約700キロカロリーの高カロリー食品である。しかし現在では低カロリーのマヨネーズも開発され、サラダ、揚げ物、お好み焼きなどさまざまな料理に広く使われている。

サラダには食酢をベースにした各種のドレッシングが使われる。白色のフレンチドレッシングは食酢とオイル、塩、砂糖、ブラックペッパーを合わせて作る。イタリアンドレッシングにはレモン汁とハーブが入っている。食酢に醬油と砂糖と炒りゴマを合わせると和風ドレッシングとなり、たっぷりのすりゴマを混ぜたゴマドレッシングにも根強い人気がある。定番のドレッシングに加えて、レストランや家庭などで創意工夫を凝らした「秘伝」のドレッシングが開発され受け継がれている。

食酢の最も直接的な利用法は飲用である。食酢の健康イメージにあやかるため、各メーカーからさまざまな飲用酢が販売されているが、福山黒酢のように大部分が飲用に供される伝統的な食酢もある。飲用の食酢には酸味を緩和するため砂糖、はちみつ、甘味料などにより酸味をマスキングする必要がある。酸味の好感度としては、食酢の酢酸よりもレモンなどに含まれるクエン酸のほうが好まれる傾向があるため、飲用酢には果汁やクエン酸が添加されることが多い。

注目される食酢の機能性

食酢は健康食品というイメージはかなり定着しているが、実際のところはどうなのだろうか。

①血中コレステロール値の低減

血液検査を受けると、総コレステロール、LDLコレステロール、HDLコレステロールなど、さまざまな数値が報告されてくる。

コレステロール（$C_{27}H_{46}O$）は主として肝臓で合成されるステロイド系の有機化合物であり、動物の生体膜構成成分として重要な役割を果たしている。炭素原子と水素原子が多いので脂質のような性質を示し、血液中では脂の塊を形成することを防ぐために、リポタンパク質とよばれるタンパク質に結合して運ばれる。

コレステロールは比重が低いので、コレステロールがたくさん結合したリポタンパク質は低比重リポタンパク質（LDL）とよばれる一方で、コレステロールが少ないリポタンパク質は高比重リポタンパク質（HDL）とよばれる。すなわち、悪玉コレステロールとよばれるLDLは、組織に積荷のコレステロールを配って歩くリポタンパク質であり、善玉コレステロールとよばれるHDLは、血管内皮などに付着したコレステロールを回収するリポタンパク質である。

血中コレステロール値が高い状態が続くと血管内皮に脂質が沈着し、やがて心臓の冠動脈が詰まって狭心症の発作や心筋梗塞を起こすことになる。とくに、LDLコレステロール値が140㎎／dLを超えると高LDLコレステロール血症の診断基準を満たすことになる。

高LDLコレステロール血症と診断されると、禁煙指導と食餌療法が行われ、それでもダメなら薬物療法が実施される。酢酸（食酢）の摂取が血中コレステロール値を低減する効果は古くから知られており、動物実験により脂質代謝を亢進するためと考えられている。大規模なヒト試験でも有効性が確認されていることから、食酢に血中コレステロール値を下げる効果はたしかにあると考えられる。ただし、この効果は相当長い期間の後に徐々に現れるものなので、辛抱強い体質改善の努力が必要であり、コレステロール値の低下レベルもそれほど大きくないことから、過信は禁物だろう。

②高血圧の予防

年齢とともに血管内壁に脂質などが沈着して内腔が狭くなり、これに対応して血液を送り出すために高い血圧が必要になる。しかし血圧が高い状態が続くと、脳内の血管が破損する脳卒中や心筋梗塞の発症率が高くなる。一般に、収縮期血圧（最高血圧）が140㎜Hg以上もしくは拡張期血圧（最低血圧）が90㎜Hg以上を示すと高血圧と診断される。酢酸には血圧低減効果が知られ、「血圧を下げる醤油」と同様のアンジオテンシン変換酵素（ACE）を阻害するメカニズムが提唱されている。さらに、本格的な臨床試験が実施され、血圧が高めの人への効果が報告されている。

③糖尿病予防

人にとって、血中の糖濃度（血糖値）を上昇させるホルモンはアドレナリンを初めとしていくつもあるが、血糖値を低下させるホルモンはインシュリンだけである。私たちは食事をすると一時的に血糖値が上昇し、やがて定常値に戻るが、組織が疲弊してインシュリンの分泌または作用不全が起こると高血糖の状態が続く。これが糖尿病である。多飲と口渇が糖尿病の主な症状であるが、長期的には細い血管が障害されて網膜症や腎不全を併発する。酢酸による血糖値の低減についても動物試験で効果が実証され、作用機序が明らかになりつつある。ヒトについても臨床試験で一部有効な結果が報告されていて、食酢による糖尿病予防の可能性が示されている。

④肥満予防

欧米と比較して肥満者の少ない日本人の間でも、肥満者の割合は増加傾向である。肥満は糖尿病や高血圧などの生活習慣病のリスクを高めるばかりでなく、体が重いために関節炎や腰痛の原因となり、運動不足を助長する。なによりも美容のために体形が気になるところだろう。

食酢のダイエット効果は広く喧伝されていて、期待する人も多いことと思われる。実際に高脂肪食を与えたマウスの実験では、酢酸の摂取による体重増加の抑制と脂肪蓄積の低下が確認されている。ヒト試験でも有効性が認められているので、食酢にはある程度の肥満予防効果があると考えて良さそうである。しかし、まったく効果がなかった人も多いので過信は禁物。とくに、肥満ではない人がさらに痩せるために食酢を飲むのは無意味と思われる。酢酸には肝臓での脂肪酸の酸化促進とエネルギー消費量の増大の効果があり、これらが肥満防止に寄与していると考えられる。しかし、脂肪酸の燃焼とエネルギーの消費による肥満防止ならば、運動すれば良いのでは、と思うのは筆者だけだろうか。

食酢の効果についてのヒト試験は、だいたい1日15ミリリットル程度の食酢を数週間から十数週間飲用してもらうことにより実施されている。これだけの期間「自分は毎日食酢を飲む」と意識して過ごせば、生活習慣になんらかの影響が出る可能性があるので、ヒト試験の実施方法と結果の解釈には注意が必要である。

また、食酢の健康効果に期待するあまり、無理して多量の食酢を飲み下す人もいるが、これは危険である。マウスによる4・5％酢酸の急性毒性による半数致死量は12・5mL／kg体重であり、体重60キログラムの人ならばワインボトル（750ミリリットル容量）1本分を一気飲みすると50％の確率で死ぬ計算である。この場合の死因は、胃および十二指腸粘膜の出血と消化管障害である。ここまでバカな人はいないとしても、酸味に耐えて酢の物などを摂取して胃が痛くなったことがある人はいるだろう。実際に、食酢を約5倍に希釈した1％程度の酢酸でも、マウスの胃粘膜が損傷することが観察されている。

いずれにしても、健康のための食酢飲用で健康を害しては本末転倒なので、飲用するときには1日あたり15〜30ミリリットルの食酢を5倍以上に希釈し、胃粘膜を保護するために糖分を加えてゆっくりと摂取することと、数ヵ月以上粘り強く続けるのが食酢の御利益に与る秘訣である。

みりん（味醂）

本みりんとみりん風調味料

スーパーの調味料売り場に並んでいるみりんの多くは「みりん風調味料」である。みりん風調味料は水あめ、アミノ酸、酸味料などを混合したアルコール濃度1％以下の調味料であり、日本全国で約9万キロリットルが生産されている（2014年）。

一方、「本みりん」とよばれる本物のみりんは、45〜48％の糖分に加えて清酒と同レベルの約14％のアルコールを含んでいるため酒として扱われ、販売には酒類販売業免許が必要である。

本みりんは日本独自の甘味調味料であり、室町時代には醸造が始まり、酒に弱い人や女性に好まれた飲み物であった。江戸時代に入ると、ウナギの蒲焼きやそばつゆなどの調味料として用いられるようになり、現代では料理に甘みを与える、焼き色を良くする、煮崩れを防止するなどの目的で日本料理に幅広く用いられている。みりんは季語にはなっていないが、正月の屠蘇《とそ》は屠蘇散《さん》とよばれる薬草の混合物を清酒やみりんに浸して作るものであり、ひな祭りの白酒《しろざけ》はモチ米にみりんを混ぜて作る。みりんは日本の年中行事の陰の立役者と言えよう。

本みりんの調理効果は、主としてアルコールと糖分によるものである。アルコールには界面活性効果があるので、調味料成分の食材への浸透を促進することにより味が染みこみやすくなり、アルコールの揮発性のため香りが立つようになる。さらに、みりんに含まれる高濃度の糖分の浸透圧で、食材から水分を吸い出して引き締めることにより煮崩れを防止し、糖分がメイラード反応を促進して美味しそうなテリやツヤを引き出す。こうして、みりんは日本料理に深みを与えてくれる。

みりんの製法

清酒の醸造では、米のデンプンを麹により糖化するとともに酵母がアルコール発酵を行うが、みりんの醸造ではアルコール発酵を行わずに糖化だけを進行させるため、米麹の出来が製品の品質を左右する。みりんの醸造が「一麹、二仕込み、三熟成」と言われるゆえんである。

みりんは主原料としてモチ米を使用し、清酒（精米歩合50〜70%）に比べると低めの80〜85%の精米歩合に精白する。蒸煮して麹菌（A・オリゼー）を40〜45時間生育させた後、蒸米および

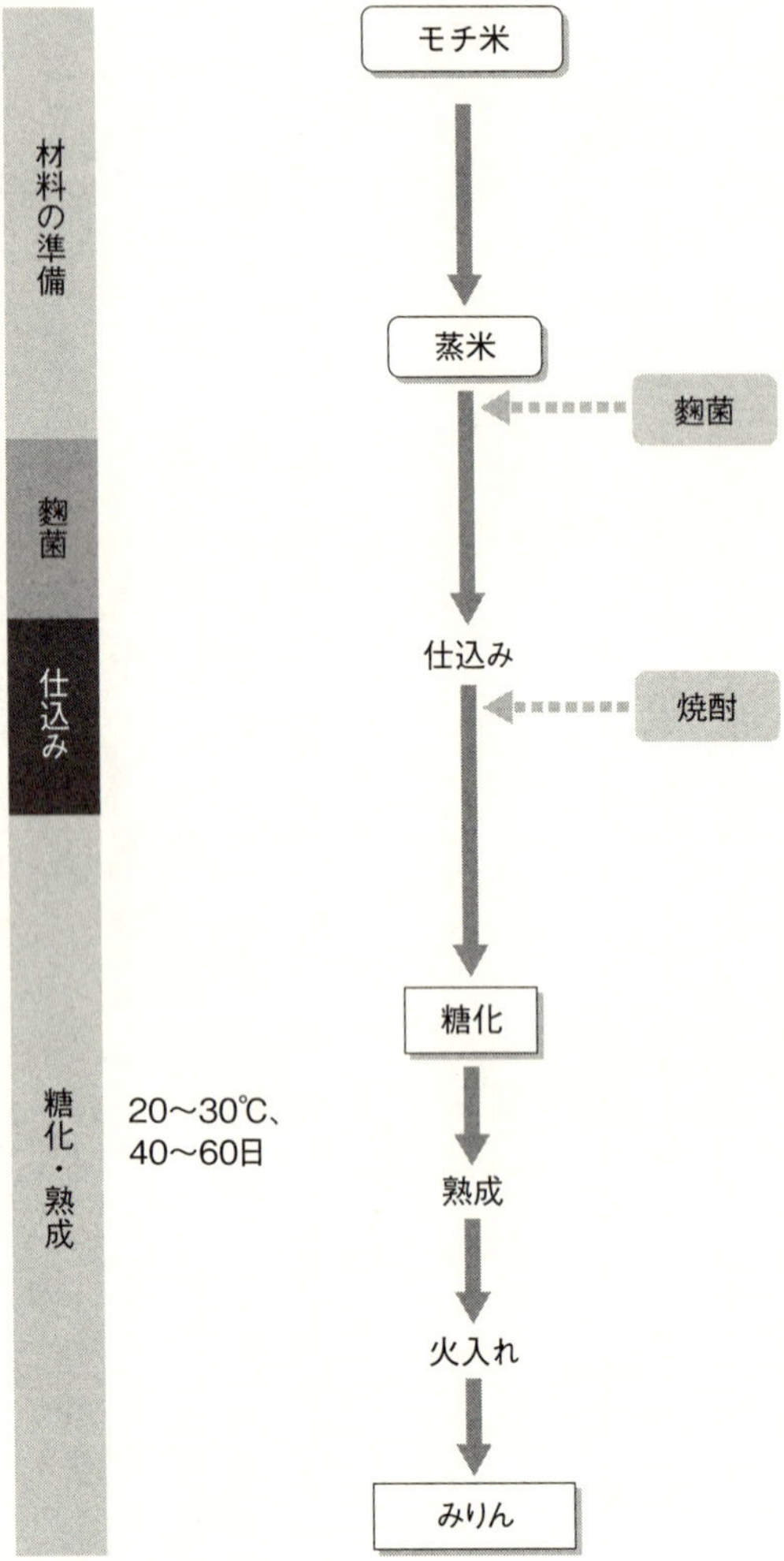

図6.8　**みりんの製法**

40％程度の米焼酎を加えて仕込み、20～30℃に保って40～60日間糖化と熟成を行う。

このように、本みりんに含まれるアルコール分は熟成の過程で生じるのではなく、最初から焼酎として投入される点がポイントである。焼酎により乳酸菌や酵母の混入が阻止され、熟成中には麹菌が残したアミラーゼにより米のデンプンが糖分に分解されていく。アルコール存在下ではアミラーゼの活性が低下しやすく、とくに結晶質を作りやすいアミロースの分解性が悪いので、みりんの醸造にはアミロースを含まないモチ米が利用される。

糖化とともに糖とアミノ酸によるメイラード反応や、アルコールと糖分とのエステル化反応などが進行して熟成が進み、アルコールの刺激臭がまろやかになり、黄金色に色づく。熟成が終了すると圧搾・ろ過し、2週間程度タンクで貯蔵して滓《おり》引《び》きし、60～65℃で火入れ殺菌して製品となる（図6・8）。

鰹節

鰹節は鰹の肉を加熱して乾燥させた日本特有の魚の乾物であり、世界で最も堅い食品のひとつとされる。鰹漁は初夏を過ぎる頃から始まるが、この時期は多雨で素干しには不向きなため、乾燥を早めるために煮干しが考案されたと考えられる。やがて、干した鰹にカビを付けることにより風味を増す手法が考案され、江戸時代には鰹が水揚げされる土佐、薩摩、阿波、紀伊、伊豆など太平洋岸各地で鰹節が競って造られていた（図6・9）。

図6.9　**鰹節と削り節**

鰹節の製法

鰹を解体し、三枚に下ろして形を整える。大きなものは片身を背と腹に身割りして、雄節（背側）と雌節（腹側）にする。煮立たせないように70～95℃に保って鰹の身を1時間ほど煮る。放冷して脂肪や骨を除き、この時点で約70％の水分を含む鰹の身を樫や楢《なら》の木の薪《まき》を用いて燻蒸する。1日に1回1時間ほど燻蒸して自然冷却し、1週間ほど繰り返して乾燥させたものが「荒節」であり、荒節を削ったものが「花かつお」である。約30％

の水分を含む荒節は一見して鰹節らしく見えるが、完成形ではなく、発酵食品とは言えない。

荒節の表面を削って汚れを除き、天日干しで乾燥させてから純粋培養した鰹節カビ（アスペルギルス・グラウカス）の胞子を噴霧し、閉め切った室《むろ》に入れて2週間程度放置してカビを繁殖させる。カビは鰹の身から水分を吸い出すとともに、カビが生産する酵素がタンパク質や脂肪を分解し、旨味成分のイノシン酸やアミノ酸が生成する。カビをハケで落として日干しして風をあて、再びカビを付けて保存する。この操作を5〜6回繰り返すと中心部から均等に水分が失われ、組織が緻密になって光沢を増し、銘木のように堅くなって、もはやカビもつかなくなる。数ヵ月から1年以上の熟成期間を経て水分が14％程度に減少し、「本枯節《ほんかれぶし》」が完成する（図6・10）。

手間暇をかけた本枯節は叩くとカンカンと澄んだ音がし、荒節とは一味も二味も違うコクと旨味を提供してくれる高級品であり、贈答品として用いられることも多い。しかし、現代では鰹節削り器を置いていない家庭も多く、せっかくの本枯節がカビの生えた不良品と思われて捨てられてしまうこともあると聞く。なんとも残念なことである。

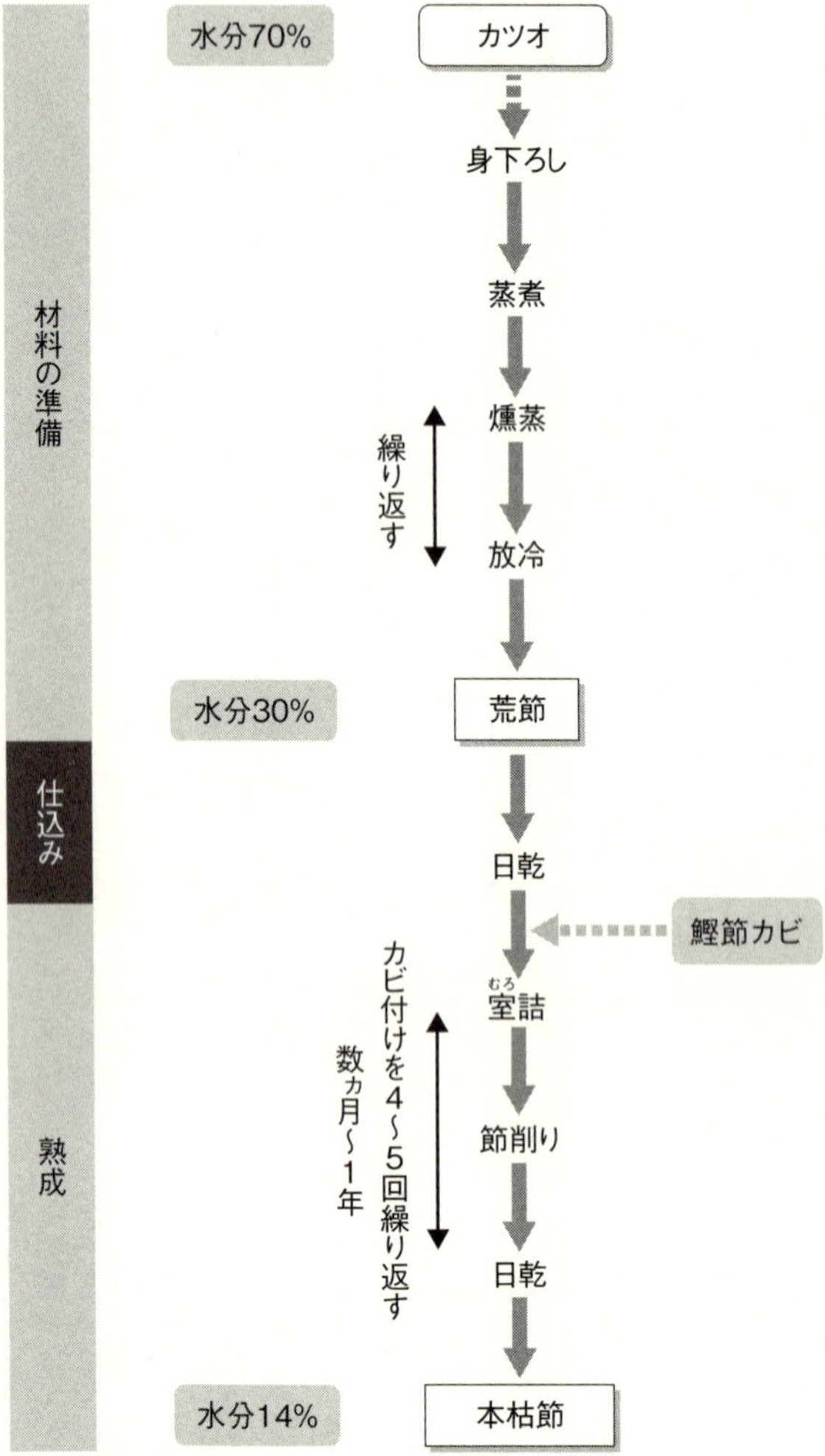
材料の準備
仕込み
熟成
水分70%
カツオ
身下ろし
蒸煮
燻蒸
繰り返す
放冷
水分30%
荒節
日乾
鰹節カビ
室《むろ》詰
カビ付けを4～5回繰り返す
数ヵ月～1年
節削り
日乾
水分14%
本枯節

図6.10　**鰹節の製法**

鰹節の成分と利用法

鰹節は75％以上がタンパク質で、グルタミン酸およびイノシン酸などの旨味成分を大量に含むとともに、ビタミンB群に富んでいる。食用として利用する際には、鰹節削り器（鉋《かんな》）で削って削り節とするのが伝統的である。現在では荒節から削り出し、密封パックされた削り節として販売されている。削り節は豆腐や青菜の煮物などの和食全般に使われるが、削り節をたっぷり振りかけたお好み焼きや焼きそばの愛好者も多い。

鰹節のもうひとつの利用法は出汁である。昆布出汁はグルタミン酸が主成分だが、鰹出汁にはイノシン酸が大量に含まれるので、相乗効果により旨味がいっそう引き立つ。これが食材の旨味を絶妙に引き出すので日本料理には欠かせない出汁である。鰹節を使いこなしてワンランク上の和食を楽しみたいものである。

デンプン生地の発酵

麦はなぜ粉にするのか

冬期が寒冷湿潤で夏期に乾燥する欧米諸国は麦の栽培に向いている。中でも生産性の高い小麦を収穫すると、粉に挽き、水と塩で練った生地を発酵させ、焼いてパンにする。穀粒をそのまま食する米飯に比べて大いに手間がかかっている。なぜ麦は粉にしなければならないのだろうか。

これは脱穀の都合と考えられる。米の脱穀と精米は大変な重労働だが、米は食用にする胚乳が固く、外皮（籾《もみ》）および内皮（糠）から剝がれやすいため、石臼などを用いた籾すりにより容易に籾殻と糠を除くことができる。そのため、米は粉にする必要がなく、粒のまま保存し、炊飯して食することができる。さらに、米の胚乳はデンプンの純度が高く、粒のままでも甘くて美味しい。

一方、小麦は外皮が厚くて強靱であり、胚乳とピッタリと密着しているうえに、米粒よりも胚

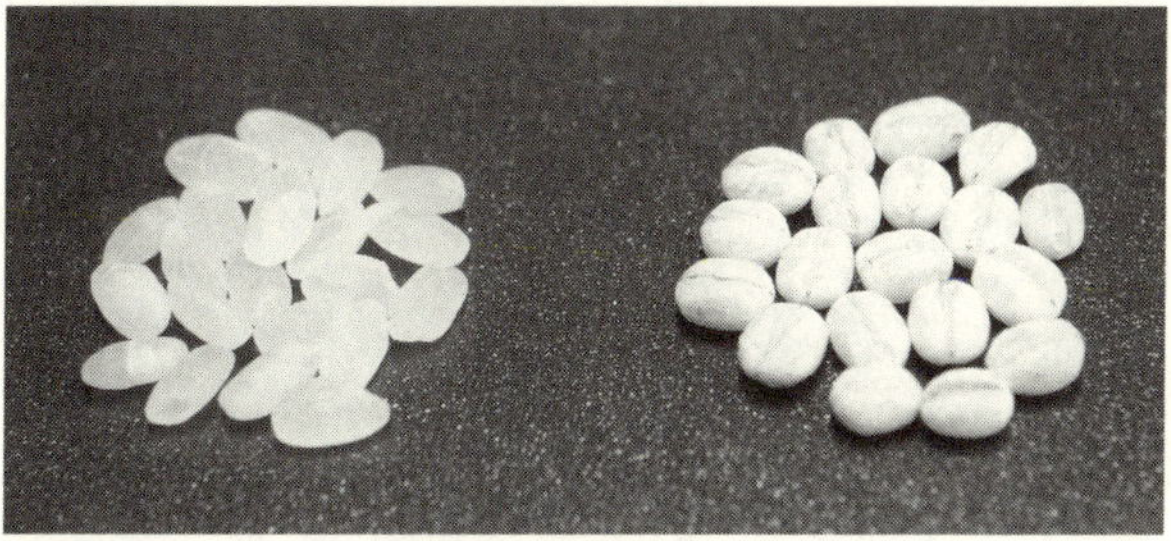

図6.11　米粒（左）と麦粒（右）
いずれも精白したもの。食用とする胚乳は米粒のほうが固くて透明度が高い。麦粒は縦に粒溝があり、胚乳部にタンパク質のグルテンを含む。

乳が柔らかい。近代的な脱穀機を使えば麦粒もキレイに脱穀できるが、原始的な臼などでは胚乳が砕けてしまう。さらに、小麦の粒には粒溝とよばれる深い溝が縦に刻まれていて、溝に食い込んだ外皮がなかなか除けない。そのため、小麦は石臼などで全体を粉に挽いてからふるいにかけて殻を除くのが合理的である（図6・11）。

また、小麦の胚乳部はタンパク質が多いので、粒のまま炊飯してもあまり美味しくない。そこで、小麦は製粉して保存する。小麦を粉にすると、胚乳中のグルテンとよばれるタンパク質が露出して水に接触しやすくなり、水と塩で練ったときに強靱な粘りが生じるので、パンやパスタなどに加工するための生地を作ることができる。このように、小麦は粉にして利用するのが合理的なのである。

デンプンのアルファ化

生の穀物のデンプンを顕微鏡で観察すると、滑らかな石のような粒子が見える。このような形状のデンプン粒は、結晶のようにすき間なくデンプンの分子が固まっているため、安定で保存性が高い。このような状態の生デンプンをベータ（β）デンプンという。

デンプンを水とともに加熱するとデンプンの結晶構造がほどけて水分子が浸入し、デンプン粒が膨潤して柔らかくなり、粘性の強い糊状態となる。これをデンプンの糊化《こか》といい、糊化したデンプンをアルファ（α）デンプンという。麴菌のアミラーゼもヒトの唾液のアミラーゼも、デンプンが糊化（アルファ化）していないと効率よく接触して働くことができない。米を炊飯して食べるのも、小麦粉の生地を練って発酵させてパンを作るのも、麴菌を蒸米に生育させるのも、すべてデンプンをアルファ化するためである。

米粒は約15％の水分を含むが、1合の米（約150グラム）を水に漬けて炊飯器で炊くと炊きあがりは約300グラムとなり、このときの水分は約60％である。これでは麴菌には水分が多すぎて、米のベタベタな表面にだけ菌糸が繁茂し、米粒の内部に食い込んでいかない。一方、米を水蒸気で蒸して御強《おこわ》にすると、炊きあがりは約200グラムで水分含量が40％前後となる。この状況では麹菌の菌糸が盛んに米粒の内部に食い込んで（破精込みという）理想的な麹となる。清酒や味噌の醸造工程で、麹造りに蒸米が使われるゆえんである。

蒸米や飯米を放置すると水分が飛んでカチカチになる。これをデンプンの老化といい、水分子が抜けることによりαデンプンの一部がβデンプンに戻ったためであり、焼きたてはフカフカだったパンが、時間が経過すると固くなるメカニズムである。一方、αデンプンを糊化の状態を保つように乾燥処理したものがアルファ米やインスタント麺であり、お湯を加えることにより容易に食べられるようになる。

パンの製法——直捏法と中種法

麦の生産国では、製粉した麦を材料にさまざまな工夫を凝らして麺類、パスタ、パンなどに加工して食用に供してきた。パンは穀類の粉を主原料として生地を作り、酵母により発酵させて焼いたものである。世界各国でさまざまなパンが作られ、日本では年間１２０万トン（２０１４年）ほど生産されている。酵母による発酵の工程を含むことから、パンも立派な発酵食品である。

パンは日本の伝統食品ではないが、現在では食の欧風化に伴ってすっかり日本の食卓に溶け込んでいて、一日に一食はパンを食べる人も多いだろう。発酵食品の東洋の主役を米と麴菌とすれば、西洋の主役である麦と酵母が共演して作られるのがパンである。本書の最後に、パンの製法と日本の工夫について紹介する。

パンを主食とするヨーロッパでは、パンの基本的な材料である小麦粉と水と食塩とパン酵母だけを用いるリーンブレッドで、麦本来の味を楽しむフランスパンのような固いパンが好まれる。また、ドイツやロシアなどの寒冷地では、ライ麦の配合により重く酸味の利いたパンが愛されている。

一方、米食が基本の日本ではふっくらと焼き上がったパンが好まれることから、食パンの材料には5％程度の砂糖と油脂が加えられる。デザートやおやつとして食べられる菓子パンは、油脂と砂糖が20～30％加えられたリッチブレッドである。さらにドライフルーツやクリームなどを加えて、じつにバラエティー豊かな菓子パンが工夫されている。あんぱん、カレーパン、メロンパンなどは日本生まれの定番の菓子パンである。

パン酵母（S・セレビシエ）はデンプンを分解することができないので、小麦粉に含まれているわずかな糖分を用いて発酵する。そのため、リーンブレッドのフランスパンは膨張が少なく固いパンになるが、糖分を加えて発酵させるリッチブレッドではアルコール発酵が進んで大きく膨張し、フワフワのパンになる。アルコール発酵により生成した二酸化炭素とアルコールはパンを

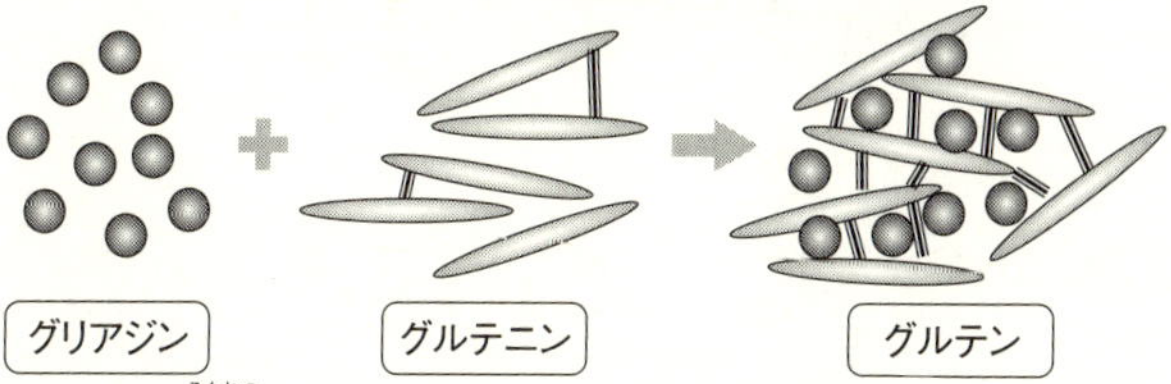

パン生地の混捏《こんねつ》によりグリアジンとグルテニンが混合し、グルテンができる。グルテニンの間にS-S結合とよばれる架橋が形成され、パン生地の粘りを生む。

図6.12　グルテンの形成

焼くときに空気中に蒸散するが、発酵の副産物として生成した各種の有機酸やエステルが、パンに食欲をそそる芳香を与える。

小麦粉には球状で粘性を持つグリアジンと、繊維状で弾性を持つグルテニンという2種類のタンパク質が含まれている。小麦粉を水と混ぜて捏《こ》ねると、グリアジンが混合したところでグルテニン繊維の間にS－S結合とよばれる架橋が形成されるため、粘性と弾性を合わせ持つパン生地が形成される（図6・12）。

パンの製造法は直捏《じかごね》法と中種《なかだね》法に大別される（図6・13）。パンの材料を一度に全部混合し、生地を作るのが直捏法（ストレート法）である。生地を30℃ほどに保つと、パン酵母の働きにより小麦粉に含まれる糖分から二酸化炭素ガスが発生し、パン生地がふっくらと膨張する。通常は一次発酵させてからガス抜きし、生地を切り分けて丸める。しばらく寝かせて傷んだ生地が回復するのを待ってから成型し（この時間をベンチタイム

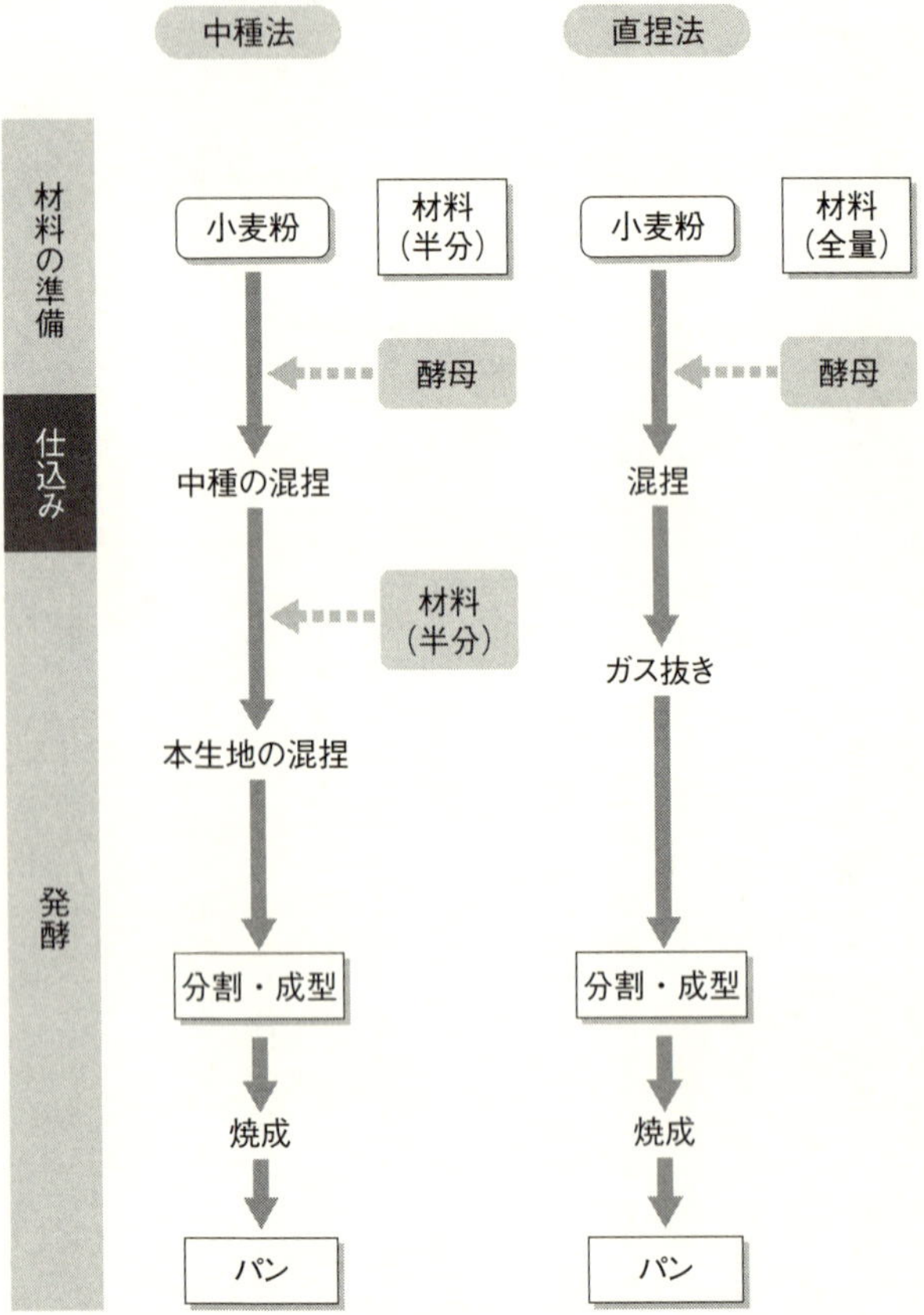

図6.13 **パンの製法**

直捏法では最初に材料を全部混合してパン生地を作る。途中で一度ガス抜きを行う。中種法では、約半分の材料を混合して中種発酵を行ったあと、残りの材料を混合して本生地の発酵を行う。

という）、さらに寝かせて（これを最終発酵＝ホイロとよぶ）オーブンで焼き上げる。材料を捏ね始めてからよどみなく焼き上がりまでもっていかなければならないので、融通が利かず苦労が多いが、風味の良いパンがふっくらと焼き上がる。

一般家庭でパンを焼く手順は直捏法であり、町の小さなベーカリーも直捏法のところが多い。直捏法では生地が一気に引き延ばされるため生地の繊維が細くなり、ふっくらと焼き上がる代わりに老化が早く、パンがすぐに固くなってしまう欠点がある。焼き上がり時間が掲示されるような熱心なベーカリーの美味しいパンは、ぜひ焼きたてを賞味したいものである。

一方、大手のパン工場などでは、材料の半分を捏ねて発酵させてから、改めて残りの材料を加えて本捏《ほんごね》して発酵を継続させ、分割・成型・焼成を行う中種法（スポンジ法）を採用している。直捏法よりも時間がかかるが、発酵途中の工程を調整しやすい。本捏の段階で生地のストレスが緩和され、改めて発酵により膨張するため、生地の繊維が太くしっかりしていて、焼き上がりのパンの機械的強度が強く、老化しにくい特徴をもつ。パンは焼きたてが美味しいのは誰でも承知しているが、大手のパン工場では必ずしも焼きたてで食べてもらえないことが前提となっており、それでも美味しく食べられるパンを苦心して焼いている。

近年では製パンに関わる従業員の負担軽減と品質の均一化のため、工場で製造したパン生地を冷凍して販売店に輸送し、販売店で解凍し発酵させてから焼き上げる「冷凍パン生地」製法が広く普及している。通常のパン生地を冷凍すると氷の結晶が成長してパン酵母の細胞膜を障害するため、解凍後の発酵力が大幅に低下してしまう。そこで、日本では１９８０年代に世界に先がけて冷凍障害のメカニズムが研究され、障害を受けにくい酵母の探索が行われた。その結果、細胞内に大量のトレハロースとよばれる糖を含む酵母の菌株は、氷の結晶の成長が抑えられるため冷凍障害に強いことが判明し、冷凍パン生地製法の実用化に結びついている。

おわりに

人は誰しも健やかな長寿を願うが、いつかは土に還る日を迎える。発展途上国では感染症により命を落とす人が圧倒的に多いが、これは公衆衛生が整備されれば急速に減少する。ところが、現在は先進国とされる日本人とアメリカ人の死因にも大きな違いが見られる。

日本人の最大の死因は悪性新生物すなわちがんが約30％であり、この割合は年々増加の傾向にある。心疾患、脳血管疾患と合わせると、3大成人病により50％以上が亡くなっている。一方、アメリカ人の最大の死因は心疾患であり、次が悪性新生物、肺疾患と続く。日本人はがんで死ぬ人が多いが、アメリカ人やヨーロッパの人々は心疾患の死亡率が日本人の2倍以上で、最大の死因となっている。どちらが自然なのだろうか。がんは遺伝子に傷が蓄積することが原因であり、どこの国でも年齢とともにがんの罹患率が増加する。視点を変えると、がんが死因の1位であるということは、ある意味で天寿を全うしているとも考えられる。つまり、欧米人はがんに罹る前に心疾患で倒れる人が多い、と見ることもできる。

では、がんになることは避けられないのだろうか。じつはがんの発生部位は国により、また時代により大きく異なっている。1950年代の日本では、がんによる死亡の60％以上が胃がんであったが、現在では肺がんが死亡率の1位であり、肝臓がんと大腸がんによる死者も胃がんに迫っている。一方、アメリカでは肺がんによる死亡率が圧倒的に多く、日本の1・5倍に達する。乳がん、前立腺がんによる死亡も日本の2倍近いが、肝臓がんによる死亡は日本の半分以下である。このような違いはどこから生じるのだろうか。

専門家が一致して発がんの原因と指摘するのは、喫煙と日常の食品である。喫煙はともかく、普段食べている食品ががんを引き起こすとは信じがたいことだろう。じつは、食物は身体にとっては異物であり、処理するために多大な労力を要するうえに、内臓にさまざまな刺激を与える。植物は動物に食べられないためにさまざまな毒物を生産しており、食用の野菜にも微量ながら天然農薬とよばれるさまざまな毒性成分が含まれている。また、大腸の中では膨大な腸内細菌が食物の分解吸収に活躍しているが、同時にアミンなどの毒性成分や発がん性のある物質を生成している。動物は食べなければ生きていけないが、食物によって確実に老化する宿命にある。

国によって発がん部位が大きく違うのも、ここ50年間で日本の発がん部位傾向が大きく変わったのも、食習慣によるものと考えられる。米は噛むと甘くなるので、塩味の副食物が良く合うが、過度の塩分は胃がんとの関連が指摘されている。一方、パンと肉を主体とする西洋の料理には油が良く合うが、油脂を処理するために膵臓や肝臓などは消化酵素を大量に分泌する必要に迫られる。油脂とタンパク質の多い食事は、大腸で多くのアミンを発生させる。実際に、油脂の摂取量と大腸がんとの関連が指摘されている。近年の日本で大腸がんの発生率が上昇しているのは、食事の西洋化が主因と考えられている。

こうした事実を踏まえると、長寿に関してさまざまなことが見えてくる。100歳を超えた人に長寿の秘訣を尋ねると、「腹八分目。くよくよしない」といった返事が返ってくることが非常に多い。食べ物が老化の一因と思えば、「腹八分目」は至言であり、暴飲暴食がいかに寿命を縮める行為であるかよく分かる。

しかし、腹一杯食べるという行為は古来より飢えに悩まされることが多かった人類にとって、大きな満足感を生む本能的な幸福であり、分かっていてもなかなか止められないのも事実である。美味いものは、脳内のドーパミン報酬回路を刺激し、幸せな気分にしてくれる。ただ、この報酬回路は薬物依存にも関係するので要注意である。食物は身体が必要とする分だけ摂取すべきものだが、砂糖と動物性脂肪は報酬回路を刺激するため、やみつきになりやすい。ケーキやスナック菓子に際限なく手が伸びてしまう理由がここにある。

もうひとつの「くよくよしない」というのは、ストレスを避けるために有効な心がけである。現代人は常に何らかのストレスにさらされながら生活しているが、くよくよしてストレスを溜め込むことは不健康である。具体的な例を挙げよう。胃の内壁は強い胃酸と消化酵素にさらされている。粘液層に守られているにしても、常に一部が溶けていくため絶え間なく修復を繰り返している。ストレスを感じると交感神経が働いて一種の興奮状態となり、内臓に循環する血液が減少する。ストレスが長期間続くと、胃の内壁を修復する材料を運ぶ血液が不足して修復が間に合わなくなり、やがて胃潰瘍となる。

健やかであるためには何を食べれば良いか。近年の多数の研究から、発酵食品の効能が見直されつつある。ヨーグルトの里として知られるブルガリアの長寿村を初めとして、優れた発酵食品を持つ地方には長寿の人々が暮らしていることが非常に多いことがヒントになっている。

海外旅行にでかける日本人は毎年1600万人を超えるが、異国情緒をさんざん楽しんでおきながら、帰国したとき無性に和食が食べたくなるのは筆者だけではないだろう。味噌汁、漬物、醤油で味付けした煮物でホッと一息つくと、いつの間にか緊張が和らぎ、日本に帰ってきた実感とくつろぎが感じられる。日本人に限らず、どこの国の人も自国の発酵食品から心の安らぎを得ていることだろう。子供の頃から食べ慣れた発酵食品は、DNAに刷り込まれた民族のソウルフードともいえる。発酵食品には成立の過程で歴史があり物語があり、なによりも美味いものを育て伝えようという民族の愛がこもっている。慣れ親しんだ発酵食品を口にすることにより、安心感が得られてストレスが軽減されるなら、それこそが長寿食の秘訣であろう。

発酵食品は伝統食品のイメージが強いが、美味しいものを求める人間の欲望には限りがなく、常に新しい発酵食品が生み出されている。たとえば、塩麹《しおこうじ》は、蒸米に麹菌を生育させたものに塩と水を加えて発酵・熟成させたものであり、伝統的に東北地方で野菜や魚の漬床として利用されていた。ところが、マイナーだった塩麴がたまたま塩味調味料として紹介されたところ、人々の健康志向に合致したことから一躍有名になり、さまざまなレシピが工夫されて書籍や料理教室で公開されている。さらに、液体タイプや粉状の塩麴の開発により、塩麴の利用法がますます広がっている。塩麴の機能性についても本格的な研究が始まっている。塩麴が一過性のブームに終わることなく、日本の発酵食品の一角として定着し受け継がれていくことを願いたい。

本書ではごく一部しか紹介できなかったが、南北に細長い日本列島は発酵食品の宝庫であり、各地で「ご当地」の漬物などの発酵食品に出会うことができる。流通網の発展のおかげで、居ながらにして日本中の発酵食品を入手し、味わうことも可能である。食料品店や百貨店に行ったとき発酵食品や調味料のコーナーをのぞいてみると、産地も値段もさまざまな製品が並べられていることに改めて感心するだろう。少しだけ余裕があったら、普段より高級な調味料を買い求めてみよう。高価な味噌や醬油が意外なほど料理の味を豊かにしてくれることに気づくことだろう。

発酵食品についてもう少し詳しく知りたいと思ったら、製造や販売に従事するプロフェッショナルに会いに行ってみよう。発酵食品の伝統を守り、その奥深さを人に伝えたいという熱意にあふれる人々は日本中にいる。インターネットを検索すれば、美味しい食品をどこで買えるかといった情報はいくらでも手に入るが、なによりも入手したいのはこうした情熱を持つ人々の情報である。そのような人々が働く百貨店のコーナー、街の小さな専門店、卸売業者、製造元の工場を訪ねてみてはいかがだろうか。あなたが熱心に尋ねれば、それ以上の熱意でその道のプロたちが自慢の製品について語ってくれるだろう。

発酵食品の醍醐味は自分で作ることである。ヨーグルトは最も手軽に作ることができる発酵食品のひとつである。手順はそれほど難しくないが、牛乳が市販のヨーグルトのように滑らかに固まることに感動するだろう。家庭にオーブンがあれば、パン生地を捏ねてパンを焼いてみるのも楽しい。本当の焼きたてパンの香りには心躍ることだろう。塩麹や味噌も自作できるが、麹菌を蒸米に繁殖させるのは難しいので、市販の麹を購入して仕込むのがお勧めである。後は「手前味噌」ができるのを気長に待てばよい。最後に、日本の伝統食品としてややハードルは高いが、糠漬けに挑戦してみてはいかがだろうか。手間と時間をかけて良い糠床ができると、一晩で野菜が魔法のように美味しい漬物に変身するので食事が楽しみになる。それ以上に、糠床の湿り気や匂いや感触が毎日のように変化し、発酵食品がまさしく生き物であることと、その手入れには細心の注意と愛情が必要なことに気がつくことだろう。

本書が発酵食品の奥深さと守り育ててきた人々の想いに触れる一助となれば、筆者として望外の幸せです。

最後になりましたが、本書執筆にあたって筆者の取材に快く応じて発酵食品について熱く語って下さり、貴重な稲藁を使用して藁苞納豆を製造してくれた東京都府中市の登喜和食品を初め、京都市の漬物の川勝總本家、醬油専門店・職人醬油のみなさまに感謝いたします。また、官能試験に協力してくれた明治大学農学部農芸化学科の学生のみなさん、カビの顕微鏡写真など多くの写真を撮影してくれた加瀬明日香博士、原稿の遅い筆者を終始あたたかく励まして刊行に導いて下さった講談社ブルーバックス篠木和久氏に、この場を借りて心より御礼申し上げます。

【ま行】

【や行】

【ら行】

【さ行】

【た行】

さくいん

N.D.C.465　261p　18cm

ブルーバックス　B-2044

日本《にほん》の伝統《でんとう》　発酵《はっこう》の科学《かがく》
微生物が生み出す「旨さ」の秘密

2018年1月20日　第1刷発行

著者　中島春紫《なかじまはるし》
発行者　鈴木　哲
発行所　株式会社講談社
〒112-8001 東京都文京区音羽2-12-21
電話　出版　03-5395-3524
販売　03-5395-4415
業務　03-5395-3615
印刷所　（本文印刷）慶昌堂印刷株式会社
（カバー表紙印刷）信毎書籍印刷株式会社
製本所　株式会社国宝社

ISBN978−4−06−502044−9

発刊のことば

科学をあなたのポケットに

二十世紀最大の特色は、それが科学時代であるということです。科学は日に日に進歩を続け、止まるところを知りません。ひと昔前の夢物語もどんどん現実化しており、今やわれわれの生活のすべてが、科学によってゆり動かされているといっても過言ではないでしょう。

そのような背景を考えれば、学者や学生はもちろん、産業人も、セールスマンも、ジャーナリストも、家庭の主婦も、みんなが科学を知らなければ、時代の流れに逆らうことになるでしょう。

ブルーバックス発刊の意義と必然性はそこにあります。このシリーズは、読む人に科学的に物を考える習慣と、科学的に物を見る目を養っていただくことを最大の目標にしています。そのためには、単に原理や法則の解説に終始するのではなくて、政治や経済など、社会科学や人文科学にも関連させて、広い視野から問題を追究していきます。科学はむずかしいという先入観を改める表現と構成、それも類書にないブルーバックスの特色であると信じます。

一九六三年九月　　野間省一